MEILI NVREN DE
JIUDA ZIBEN

魅力女人的九大资本

■ 李铁红/编著

魅力的展现是女人一生幸福的通行证。

追寻魅力，应当成为女人永远的信仰。

魅力，让你在人生的舞台上

打开一扇魅力的窗，足以让人们看到比美貌更加动人的风景。

插上魅力的翅膀，生命从此神采飞扬，活色生香。

TJKJ 天津科学技术出版社

图书在版编目(CIP)数据

魅力女人的九大资本/李铁红编著.
—天津:天津科学技术出版社,2009.9
ISBN 978-7-5308-5379-5

Ⅰ.魅… Ⅱ.李… Ⅲ.女性—成功心理学—通俗读物
Ⅳ.B848.4-49

中国版本图书馆CIP数据核字(2009)第178390号

责任编辑:郑 新
责任印制:王 莹

天津科学技术出版社出版
出版人:胡振泰
天津市西康路35号 邮编:300051
电话:(022)23332674(编辑室) 23332393(发行部)
网址:www.tjkjcbs.com.cn
新华书店经销
北京建泰印刷有限公司印刷

开本787×1092 1/16 印张19.75 插页1 字数223 000
2009年10月第1版第1次印刷
定价:32.80元

前　　言

一说到资本，让我们最先意识到的就是金钱或财富，其实，一个人的先天和后天所具备的潜能和能力也都可称得上是资本。比如修养、健康、爱情、家庭、友谊、事业等等，所以，从某种意义上说，人人都是“资本家”。

然而人生中最大的悲剧莫过于没有发现自己巨大的潜能而潦草度过一生，女人一生中最大的遗憾则莫过于没有去发现、发挥和利用自己的生存优势，最终与精彩的人生擦肩而过。

随着社会的发展与进步，女人不再只是一朵娇嫩的鲜花，在暖房中，或在案头茶几上供人观赏；她们对人类社会的贡献也不再仅限于繁衍后代和照顾家庭。她们不再是男人的附属品，也可以拥有自己的事业与追求，同时更积极地参与人际交往与社会活动。

但这本身也为现代女性带来了巨大的挑战：如何在社会上树立良好的女性形象，如何在交际中处理好错综复杂的人际关系，如何在婚姻与家庭中感受幸福，成为每个现代女性必须面临的事情。

所以，女人必须懂得在自己最灿烂的时候，创造和利用自己的魅力资本去获取幸福。

魅力并非虚无缥缈的神秘词汇，每一个有心的女人只要肯努力学习，都可以成为自身魅力的神奇化妆师。成功的女人懂得怎样好好经营，最大限度地展示自己的魅力，用智慧掌控自己的命运，去获取成功，成为幸福人生的最终赢家。

你不能改变容貌，却可以重塑形象；你不能天生丽质，却可以修炼魅力。内在美并不是任何人与生俱来的，而是后天修行、日积月累的产物，是你魅力的升华。美丽容颜是上天的恩赐，而魅力却并非与生俱来，魅力依靠后天的修养凝聚。一扇优雅魅力的窗口，足以让人们看到她比美貌更加动人的风景。

一个真正的魅力女人，不仅能征服男人，也能征服女人。因为她身上既有人格的魅力，又有女性的吸引力，更有感知的影响力。

从外表上，她关注时尚，打扮得体，顾盼生姿；

从气质上，她善于情绪的自我管理，面对喧嚣的尘世，知性而淡定；

从内在上，她内心浪漫，强调个性，对世界充满爱心和好奇，对新生事物会持一种见怪不怪的洒脱态度；

在举止上，她文明而热情，端庄而不轻佻；

在事业上，她独立进取，智能坚强，努力追求自我价值的实现；

在感情上，她懂得给男人空间，深谙风筝和丝线的关系，不动声色地把男人的心拴得更牢；

在生活上，她懂得爱自己，善待自己的身体，懂得在沉重与轻盈之间热爱生活，享受简单快乐的幸福生活……

她清新淡雅的面容，妩媚温婉的回眸，顾盼生辉的举手投足。她亦正亦邪，收放自如，将女人的魅力随心所欲地发挥到极致。

魅力是从女人的身体内部和心灵深处自然而然涌动、喷发、流露出来的一种气韵，魅力与年龄、身材和相貌无关，就像年轻清甜的脸上，可以绽放优雅淡定的笑容，布满皱纹的面容，也同样可以盛放美丽的花朵。

魅力是一种经后天的努力与修炼达成的美。它不仅不会随岁月的改变而消失，反而会在岁月的打磨中日臻醇香。只要有一颗一丝不苟的心，就能将优雅魅力绽放无遗。

若你能将内在的美与外在的美融为一体，你就能青春永驻，魅力长存。

目　录

第八章 家庭是需要一生经营的事业——女人的家庭资本

第九章 生命从此神采的九大资本飞扬——女人的生活资本

第一章　女子无才不是德
——女人的修养资本

修养是由内而外散发出来吸引别人的气质。如果说容貌、服饰、身体是魅力之形，学识、阅历、修养则是魅力之本。知识让人解开思想的束缚，是实现梦想的动力源泉，一个拥有内涵的女人，无论在宁静的山野中还是在喧嚣的城市中，都能气定神闲、温文尔雅，透露出一股沁人心脾的幽香。

1.气质，魅力的源泉

女人的美丽，已经被无数次地讴歌和赞美，文人骚客们为此差不多穷尽了天下的华章。其实，在美丽面前，诗歌、辞章、音乐都是无力的。无论多么优秀的诗人和歌者，最后都会发出奈美若何的叹息！美丽的女人人见人爱，但真正令人心仪的永恒美丽，往往是具有磁石般魅力的女人。

那么，什么样的女人才具有魅力呢？三个字：气质美。就如同一座山上有了水就立刻显现出灵气一样，一个女人只要插上了气质的翅膀，就立刻神采飞扬、明眸顾盼、楚楚动人起来。

女性真正的魅力主要表现在她特有的气质上。外表的美总是最初的、静态的、肤浅的，也总是短暂的，似天空中的流星，倏忽即逝，没有生命力。光靠美丽的脸蛋、窈窕的身材，而胸无点墨，只能称之为“金玉其外，败絮其中”。

一个人的容貌形体，外部装饰所表现出的美在整个气质美中只占一部分，甚至是一小部分，而气质给人的美感不受年龄、服饰和打扮的制约。这种气质无论是对异性，还是对同性同样有着吸引力。气质美才是真正的美。

男人说，有气质的女性远看雍容华贵，高不可攀，近看文雅妩媚，是贤惠的妻子、热情的女孩、慈祥的母亲、圣洁的天使、可信的朋友，有时她能倾听他的话语，对他百依百顺，并且能够抚慰他的心灵；有时则任性撒娇，让他扮演保护者的角色。

气质美又是一种有形的美。女人的气质是一种香水。香水是无数花蕊成就的一段精华，却不再与美颜有关，她现在是无色透明的了。它是通过一个人对待生活的态度、个性特征、言语行为等表现出来的。女性独具的气质涉及她深层的品质，它带有一种自发力和亲切力，可以净化心灵、温暖人心，使社会充满祥和、同情、友爱。女性独具的气质特征，是温柔、可爱、可亲。

具备这种气质的女性，有人称之为有十足女人味的女性，她感情深沉，只有真诚，没有虚伪；

她心胸宽大，总是那么乐观，从不气馁；

她豁达大度、善解人意，体谅别人，很少抱怨；

她遇到困扰不慌张、处事得体不过分，受到委屈不流泪；

她总是自尊、自信、自强、自爱地抗拒干扰。她对人不苛求、不忌妒、不猜疑、不发火；

她总是彬彬有礼，从不拒人于千里之外。她总是和颜悦色、内秀矜持、端庄贤惠、淑雅安详。

女性内秀的气质，最能显示女性美中羞涩的气质美。羞涩像丽日下深藏在碧荷中的莲花，纯情地发出柔光。羞涩以不泯的童贞为基础，是一种单纯、天真的流露。羞涩是善良诚实人格的真实反映。羞涩是女性美中固有的气质，也是东方女性深沉含蓄的特征。

女性独具的气质美，是建立在自尊、自信、自爱、自强的基础上的，并且有母性深沉的内涵和使人感到亲切的特征，是高品位的美。有这样气质的女性，受人尊敬，使人羡慕。

敏捷好动、缄默安静、兴奋而热烈、羞涩腼腆是四种最典型的气质类型，每种气质都有其优点和弱势，要充分发挥优点避免不足，就需要首先对其有充分的了解。

(1) 气质女性的魅力特征

以现代的眼光来看，女性的魅力应该是其内在人格与外在仪表相结合的美。富有魅力的女性，一般具有如下的特征。

①个性突出

对于一般的男性而言，初次见面，女性的美貌往往是最直接的吸引力。然而，随着交往的加深，广泛地了解，真正能长久地吸引他们的却是她的个性。她的某种细微表情、某句话、有个性的服饰、化妆都会产生吸引效果，使他动心。

②聪慧

随着现代社会的发展，女性的聪明才智越发成为大多数男性择偶时所注重的条件，聪明的女性总是对男性有较大的吸引力。

③整洁

穿着在某种意义上体现着一个人的个性，反映着人的精神状态。整洁、合体的装束使人感觉清爽、利落，新颖别致的服饰则会使人感觉清爽、利落，会使你楚楚动人，平添几分魅力。

④自主性强

现代女性，有自己的人生价值观，希望有更多的自由，以工作和事业成就乐趣，具有独立生活的能力，与之相处，往往使人备添生活的热情和生命的活力。这种自主性强的女性，特别能吸引男性。

女子的气质美，是女子美的全部表现。气质美，会使男士们忽视其貌而永存其美。

气质美的女孩，即使丑点，人们根本不会说她丑。无知的美在外表，其实很难在男士们的心底烙上美印。前者高雅，后者俗气。

(2)怎样修炼出良好的气质

用培养气质来使自己变美的女子，比用服装和打扮来美化自己的女子，要具备更高一层的精神境界。前者使人活得充实，后者把人变得空虚。而最完美的恰恰是两者的结合。气质美，至少蕴藏着真诚和善良。

几乎所有的女性都渴望自己在性格和外表方面，对别人具有更大的吸引力。那么，怎样才能修炼出良好的气质呢？懂得如何去发挥自己的优点及克服自己的缺点，便可使你魅力大增。

①要接受自己的面貌

每一个人在性格或外貌方面，都有其独特的气质和优点。懂得如何加以发挥，便可增加吸引力。

②对别人信任和关心

热诚与关怀，是最具吸引力的气质之一。对别人关心体谅，将会获得相同的回报。别人将会为此种气质而折服。

仪态端庄，充满自信。

一个步姿洒脱、意气风发、充满自信的女性，最能吸引别人。

③保持幽默感

一个懂得在适当的场合和适当的时间展露笑容或开怀大笑的人，定能受到别人的欢迎。

④不要惧怕显露真实情绪

不论什么样的喜怒哀乐、柔情蜜意，都不应加以隐藏。一个经常压抑、掩藏情绪的女子，会被视为冷漠无情，没有人会喜欢和一座冰山交往。

⑤有困难时，应该向朋友求助

朋友会因你向他们求助而感到他们的重要性。他们不但不会轻视你，反而会引为知己，对你更加喜爱。

⑥不要斤斤计较

女性在交往中，要心胸开朗，豁然大度，千万别小心眼、小家子气。不要为一点点小事就大动肝火，斤斤计较，甚至在许多场合弄得大家都非常难堪而下不了台，这样会令人讨厌的。

⑦不要自视清高

女性不要自视清高，在社交中，不能因为别人与自己脾气不同，身份有异，就显示出不耐烦或瞧不起别人的样子，当然也不要因自己的职务、地位不如人家，或长相一般，服饰不佳而过分谦卑，要落落大方，不卑不亢。

⑧不要卖弄聪明

每个人都有自己的自尊心，都有引为骄傲的地方。卖弄乃缺少教养的表现。当然，女性一般考虑问题都比男性周到而细致，在那种马大哈的男人面前，适当显示你的周到与细致，他是会非常看重你的，千万不要以为这是耍小聪明，这是想得到位的表现，也是女性心思细腻的表现。

⑨不要忽视仪表

作为女性，在社交场合，必须注意仪表的端庄整洁。在社交活动时，适当地修饰与打扮是应该的。切忌疲疲沓沓，不修边幅。

2.品位，让美丽和时间作战

女人的品位，是时间打不败的美丽。正如一位作家的名言："女人是一种指标，如果女人都散发出品位，社会自然成为泱泱大国。"

如果一定要把爱分成"爱情的"和"喜爱的"两个等级的话，相信大半男人会接受这样一个概念：好女人是爱情的，坏女人是喜爱的；好女人是娶的，坏女人是玩的；好女人是品味，坏女人是兴趣；好女人是所有者，坏女人是使用者。

女人的可爱在于性情，不完全取决于智商，完全不取决于美丽。"风情"两字，女人不到一定年龄，强做不来；男人不到一定年龄，给他看也是白看。因为"情"在风的后头躲着藏着，被人看破，只道是树欲静而风不止，与己好似无关，照样洒洒落落走开。

女人二十几，正值青春年华，那么，让我们优雅地快乐成熟吧。仿佛就在昨天，还对着镜子里那张娃娃脸问自己：什么时候，我才可以变成风情万种的女人？没有任何幼稚，举手投足间充满成熟韵味。

传说世上有一种无足鸟，天空成就它们最辉煌的时光，永不停息地飞翔就是它们的宿命。直到有一天，它们精疲力竭而坠落在地，才能休息，而这却是对天空的诀别。女人就是无足鸟，当她们决定投入自己心爱男人的怀抱时，就注定她们对事业的执著说再见。

美丽的女人不一定天生丽质，但肯定知道如何装扮自己。让每一天的心情跟着衣妆一起亮丽起来。她们美丽着，不为取悦男人，不是虚荣的表现，是女人热爱生活与维护自尊的表达。端正的五官，丰富的内涵，恰当的装扮，再加上自信、健康的心态，这就是女人真正的美。

恋爱中的女人只有两个，一个满足的女人，一个不满足的女人。

满足的女人，总会青春灿烂，光彩照人，即使她本人并不漂亮，并不出众，但她总会闪动一种动人的气韵；

不满足的女人，则目光呆滞，抑郁伤感，总让人感到心疼，让人感到压抑，人们唯恐引火烧身，不得不避而远之。

这是一个审美迷乱的时代。朝新夕旧，永远不知新潮的前沿在哪里，就像我们不知道电话号码还要升位到多少、列车是不是还要继续提速一样。无法预知。时刻被迷乱着。能使睫毛翘起来的无限长的加密睫毛，液体眼睑，棕榈海滩色面颊，烈焰红唇和野性乱发。21 世纪的魅力女性，正变得越来越咄咄逼人。

物质的成功只能体现自我价值的一个方面，而精神的放松和愉悦，才是女人活得有滋有味的源泉。守望着星星，对未来充满幻想。幻想一个美丽的邂逅、第一次出去约会、第一个情人节、第一次的亲密接触……

女人像酒，好女人如陈年的佳酿，越品越有味，举杯忘情，难以割舍；男人像烟，一旦沾染，便很难放手，再好的烟也有害身心健康，极品男人便是鸦片，一经尝试，即会融入血液，深入骨髓，从此断了退路。

有品位的女人不在乎人生的功利，她们为自己营造一份平和的心境，随遇而安，不强求身外之物，不愤世嫉俗，面对物质的诱惑、世俗的刺激，待之安然。她们在人生崎岖的旅途中，学会自我安慰，自我松绑，自我释放，自我陶冶。

她们时而徐然缓行，时而静立池边，时而低头漫想，时而凝神远望，让内心回归自我，让心灵更趋完美。有品位的女人有独立的思想和人格，绝不会人云亦云、随波逐流。她们恰如绵绵流畅的散文诗，不低下，不媚雅，只求独自芳香的格调。她们痛恨粗俗，而把气质奉为精神风骨。

她们在形神之中给人制造第六感觉，这种感觉如一瓶名贵香水，无形中发散出芳香……

女人的品位是真挚的博爱和慈善的宽容。女人的品位是浓郁的书香和美的诗韵。女人的品位是画，女人的品位是诗，女人的品位是乐曲。一个女人有了高尚的人格，她的品位必然高雅清新，焕发青春活力，生活必定多姿多彩，充满阳光……

3．优雅端庄有“规矩”

培根说：“形体之美胜于颜色之美，而优雅的行为之美又胜于形体之美。”优雅端正的体态，敏捷协调的动作，优美的言语，行之有效的大方的修饰，甜蜜的微笑和具有本人特色的仪态，会给人留下美好的印象。

在日常生活中，常听老人们说：“规矩”。在历史的不断演变和进化过程中，一些民族习惯和礼节等被人们视为是美的行为，并以此为尺度来衡量自己的一言一行。如果违背了这些规矩，即给人一种丑陋、庸俗的感觉。评价一个人美与不美，不完全只是看脸长得漂亮与否。

脸长得漂亮，对整个形体来说，确实是它美的一个组成部分，但不是全部。有些女性尽管长相漂亮，衣着时髦，但是站无站相、坐无坐相，举止忸怩、表情呆板、谈吐粗俗，使人感到整体的不协调，很难给人以美的感觉。

由此看来，仪态美比脸部美更具吸引力。在别人的第一印象中，吸引人的往往是人的整体仪表、气质和风度。

女性如何才能做到仪态美呢？

优雅自然的站立姿势，重点在脊背。站立应做到挺、直、高。在站立时，身体各主要部位应尽量舒展，两腿并膝直立，头不下垂，下颌微收，眼看正前方，胸不含，肩不耸，应沉肩，背不驼，髋膝不打弯，微收臀、收腹，这样就会给人一种挺拔俊秀、精力充沛的感觉，如果哈腰驼背、腿髋打弯、腿摇、手臂乱舞，则会给人一种轻浮之感，而且也会影响身体健康。请多注意女舞蹈演员和女体操队员的站姿，并细细体会、练习。不久的将来，你也会发现自己的站姿会变得“亭亭玉立、优雅动人”了。

(1) 坐的仪态

坐姿要做到端正、自然、大方。臀部是支撑点，而优美的坐姿取决于支点两侧的部位，取决于腿和上体姿势的配合与协调。坐在椅子上，腰部适度挺直，两腿自然并拢，也可以前后相掖，或收在椅下，或两腿拢平行略前伸，两腿并拢后可正放或略向斜侧。肩部要放松，双手交握放在膝关节上。与人交谈时，身体要适当前倾，这样既可以听清对方讲话，又显得谦和有礼。

坐沙发时，要注意两脚的收放姿势，不要一直前伸，不要把头仰到沙发后面去。在社交和会议场合里，要正襟危坐，入座要轻盈，起坐要稳当，不要争坐猛起，有失体面和礼貌。无论在什么场合，切忌两腿分开，特别是穿短裙时，以免使人尴尬，给人以轻浮的感觉。

(2) 走路的仪态

走路有腰力，要有韵律感。走路时腰部松懈，会有吃重的感觉，给人以衰老之感；走路时疲疲沓沓，拖着腿走路更显得难看。走路的美感，在于下肢移动时与上体配合形成一种协调、和谐，平衡对称的人体运动美。

优雅的走路姿态是：以胸领动肩轴摆，立腰提髋小腿迈，小腿迈出臀摆动，跟落掌接趾推送，双眼平视肩放松。一般人如能注意并掌握以上基本要领，走路时就会给人一种稳定、矫健、轻盈、优雅的感觉。

走路时，身体不要颠簸、摇摆，更不要摇头晃脑、左顾右盼。切忌迈八字步，如果有此毛病，请一定要注意纠正。要做到出步和落地时脚尖正对前方，抬头挺胸，迈步向前，穿裙子时走成一条直线，穿裤装时要走成二条直线，步幅稍微加大，才显得生动活泼。

有的人穿高跟鞋行走时腰挺不直、步迈不开，形成撅着屁股探着腰走路，很不雅观。正确的要领是：开步时强调立腰、提气，腰部用力，迈步的同时迅速调动小腿和脚背髁关节肌肉韧带的力量，并迅速调整后背力量以支撑身体重心，腰关节伸直，有脚后跟先着地的滚动式支撑重心，步子的节奏加快一点，这样就会使你的步伐显得轻快稳健而富有节奏感。

(3)说话的仪态

说话，最能表现一个人的文化素质和修养，说话的仪态美主要表现在：交谈时要大方，眼睛要自然地看着对方，这既表示尊重对方也可表现女性的自信和心地的纯洁。

语调要优雅，吐字清楚，声音高低得当，语气柔和，面带笑容，自然会悦目优美。专心听对方讲话，使对方感到自己的话被你听取后，才会专心致志地听你说话，并努力去理解你的意思，切忌不要随意打断别人的谈话或把目光转向别处。不可脱离对方的观点，如有不同的观点和看法，想想再说，要心平气和地交谈。

(4)笑的仪态

笑，是七情中的一种情感，是心理健康的一个标志。对女性来说，笑也很有讲究，在日常生活中，常看到有些女性不注意修饰自己的笑容，拉起嘴角一端微笑，使人感到虚伪；吸着鼻子冷笑，使人感到阴沉；捂着嘴笑，给人以不大方的印象。要想笑，嘴角翘。这是公认的美的笑容，达·芬奇的名画《蒙娜丽莎》被誉为永恒的微笑。

美丽的笑容，犹如三月桃花，给人以温馨甜美的感觉，发自内心的笑是快乐的，切忌皮笑肉不笑，无节制的大笑、狂笑。经常大笑易使面部肌肉疲劳，滋生皱纹，狂笑会影响生理机能致病。愿你讲究笑的艺术，修饰笑的仪容。

(5)骑车的姿态

骑自行车也要有一种美姿。女性骑车最好选用坤车，不但上下车方便，也符合女性生理特点，车座的高度要调整到能使腱伸直为宜，要用前脚掌踩在脚蹬子上，脚凳转向前方时，脚、小腿、大腿能呈一线。要防止两膝外撇，因为这样的姿态很不雅观。双臂伸直成略有变曲，不要把车座提得过高，车把降得很低，撅着屁股趴在车上骑。

骑车时，头部要保持正直。两眼看前下方15－20米处，下颌不要前探，身子不要摇晃。髋、膝、髁关节要依次协调用力，上下车时动作要协调敏捷，不宜过猛。恋人骑车外出时忌勾肩搭背，夏日汽车时忌掂起裙角。

(6)做客的仪态

当女性受到亲友的邀请去做客时，要注意打扮一下，这也是对亲友的尊敬，并要遵守时间尽可能提前一点到，如有急事耽搁，应打电话通知，免得使主人久等。如果是初交，最好不要带孩子去，即使带孩子去，也要告诉孩子懂礼貌、不乱翻东西。做客要恰如其分，举止有礼，谈吐高雅，最好有点幽默感，切勿喧宾夺主。饭后尽可能不要逗留太久，客走主安，适时告退，临别时别忘向主人表示感谢。

(7)待客的仪态

在交往中，既要善于做客，也要善于待客。待客的关键在于真诚，要处处表现出热情诚挚的态度。

事先做好准备，把房子打扫干净，并摆好茶点、水果、饮料之类。

谈话要热情、真诚，要以诚相见，善于提出话题，活跃谈话气氛，增进感情。

留客吃饭要热忱，饭菜尽量丰盛、卫生，为女士准备些甜酒或饮料并不时用共用筷子为客人搛菜。席间不要训斥孩子。客人没有吃完饭不要急于收拾碗筷。留客人住宿要准备好干净的卧具和洗脸刷牙用具。送客人时要热情，全家都应出来打个招呼，主人要送客至门外。

(8)恋爱的仪态

仪态美是爱情的催化剂。注意仪态美，恋爱成功的系数就会增高。恋爱中要注意几个方面：打扮要淡雅，在形象上要注意发型、服饰和化妆。发型要适当，给人以飘逸的感觉。衣着要美观大方，干净典雅，给人以文雅而不俗、新而不奇、美而无华之感。

走、站、坐姿都要显示出高雅洒脱、绰约多姿，给人以美的感觉。既不要随随便便、毫不在乎，也不要缩手缩脚、拘泥小气。

热恋后，要注意控制感情，在公共场合不可失态。谈吐要文雅，特别是第一次与男友会面时谈话要自然轻松，彬彬有礼，既不要过于紧张，也不要喜笑颜开，要做到含而不露、温而不热，给人以纯朴、忠诚之感。约会时不要故意迟到。

4. 做魅力新女性的10种心理调适

(1) 自信多多

每天早上起来，梳洗完毕，对着镜子里那个袅袅婷婷的女人大声朗诵："我很好，我很好，我真的，真的，真的很好！"一位心理专家说，这是开发自我潜能的手段之一！　有自信的女人，不会整天张狂霸气，高呼女权至上。

超越男人的方法，不是把他们压迫在自己的霸权之下，而是活得跟他们一样地舒展、自信；也不是整天要向男人发出战书，或者摆出一副"皇帝轮流做，今年到我家"的进攻态度。和谐、平等和互助的两性关系，才是社会进步的动力。

自信，不是自大，自信是相信，也只有相信才会幸福。女人的力量犹如"百炼钢成绕指柔"。

(2) 宽容，允许不同生活理念的存在

大千世界，无奇不有，奇闻怪事出现又有什么关系？世间万象，本来也没有对与错的绝对概念。也许身边的朋友通过嫁人从而衣食不愁，而你偏偏相信女人要靠自己一步一步稳扎稳打，鄙视她吗？或者从此敬而远之，断绝这份情谊？聪明的女性不会这样，她先问自己：她这样做对我有影响吗？没有，好，每个人有自己往高处走的方法，也许殊途同归，最终我们站到同一个至高点上。

新新女子能够包容，懂得尊重别人的选择，也认同别人的生活方式。

(3)“铜钱”性格

成功女性的性格犹如铜钱，外圆内方，在柔情似水的外表下，跳动着一颗坚强的心。她已经脱离了狂热女性主义者的幼稚，从不摆出一副百毒不侵的女强人的面孔，以为这样就是坚强。

她深深懂得，刻意追求的强悍，与女人真正的内心世界反差太大，是毫无韧性的坚硬。因此，她用最温柔的行为出击，争取最合理的待遇与最合适的位置。而且，她从不像工作狂那样抛弃男人与爱情，她理性地去爱，不依赖爱情，却充分享受它带来的甜美；不控制情感，却把它向美好的目的地引导。男人亲近她，却从不敢轻侮她。

(4)完整独立的自我

新新女性有完整独立的人格。在经济上，她不依靠任何人，因为她懂得坚实的经济基础是维护自我尊严的必需。通过经济的独立，她享受着成就的满足感。在精神境界，她不是某个男人的附属品，懂得通过交友、读书、娱乐，充实自己的内心。

所以，即使没有爱情的滋润，仍然活得自在而辽阔。她不为不爱自己的男人流泪，也不会因为男人的承诺而用一生去等候。她，只相信自己，不用依赖也能活得很好。

(5)活力四射

新新女性，把全副精神用来打理事业。她们踏实、勤奋，即使只是一份工作，她们也会用对待事业的热忱去经营。做一个有干劲的女人，不是叫你在事业上和男人斗个你死我活，而是要你问自己：从第一份工作开始，我有没有为自己设定一个奋斗的目标？我，要的究竟是什么？

男人会酸溜溜地说：成功女人，一定同时面对情感上的创伤。即使如此，她们仍然会善于把挫折转化为事业成功的动力，至少，不会一蹶不振。她们知道，每天规规矩矩地上下班是不够的。对事业，有点野心很好。女人，要用得体的方法为自己争取到更多。

(6)我们每天在进步

身处日新月异的科技世界，不进则退。新新女性明白这点，所以她们不断自我充实，提升自我的知识和技能。她相信自己一定有天生的优势，并努力加以后天的创造。她比男人更加努力进取，不是对自己没信心，而是比男人更有雄心。

(7)家庭事业两平衡

新新女性是走钢丝的能手，在家庭和事业之间求得平衡。眼见险象环生，忽地来个漂亮翻身，又是一副悠然美态。她不是一个一成不变的角色，她流动在职业女性与贤妻良母之间，什么场次，什么角色，毫不含糊。

(8)幽默是最大的智慧

阴沉，是内心的病症。脸上的笑容不仅传递着心里的欢愉，也是赠送给世界的一份美好礼物，因为笑容可以传染。没有幽默的态度，不懂得自嘲，心事永远打着死结，拥堵于胸，一生得不到快乐。新新女性知道幽默，知道自我开解，知道原谅，知道轻松。因为，她把快乐放在自己手心，不系在别人的言行上。

(9)美丽是永远的追求

女人贪心，当然，对美一定要贪心。女人的美丽不一定天生丽质，但肯定知道如何装扮自己。让每一天的心情跟着衣妆一起亮丽起来。她们美丽着，不为取悦男人，不是虚荣的表现，是女人热爱生活与维护自尊的表达。

(10)酷

够酷的女人遇事冷静，临危不乱。她不愿意因为女人的特殊身份而享有特权：遇到危情，吓得脸色苍白，痛哭流涕，往男人的肩膀下钻，用眼泪作为捍卫自己的武器。她独立，有头脑，有能耐，可以用智慧、用个性魅力征服危难。更难得的是，她懂得在什么时候安慰男人，并且把男人的自尊照顾得很好，赢得他真心的喜爱……

5.你会打电话吗?

阿梅是某洗衣机公司在北京的代理商。中午轮到她值班，她手里捧着一本小说正看的入迷，电话铃响了五六声，她终于不紧不慢地接了电话。

“喂！”她拿起电话，没有报自己公司姓名，懒洋洋地回答电话。

“您好，请问这里是洗衣机代理吗？”对方问。

“是。”阿梅回答。

“你好，我想买一个××牌的洗衣机，请您介绍一些型号。”对方又问。

“我们的洗衣机分好几种，你想要哪种？”阿梅冷漠地反问。

“小姐，我不明白，洗衣机就是洗衣机，还要分什么种类？不就是找大小来分种类吗？”客户困惑地问。

“当然要分，有的能风干，有的不能风干。”阿梅随手摸了一块饼干填进嘴里……

“等我想一想，再决定吧。”对方挂了电话。

不要以为电话中谁也见不到谁，所以想说什么说什么。其实，正因为电话中谁也见不到谁，更应该注重礼节。下面是打电话的一点礼仪经验，请女士们务必注意。

(1)打电话的原则

电话交际是现代人常用的交际方式，双方的声音、态度、举止虽远在千里之外都是可以感受到的。只要听听电话的交谈内容，就可以判断一个人的修养水平和社会化程度。为了正确使用电话，树立良好的“电话形象”，无论发话人或受话人，都应遵循电话应对的“四原则”——声音谦和、内容简洁、举止文明、态度恭敬，把握好打电话与接电话的礼节。

①选择通话时间

应根据受话人的工作时间、生活习惯选好打电话的时间。比如，白天宜在早晨八点以后，节假日应在九点以后，晚间则应在22点以前，以免受话人不在或打扰受话人及家人的休息。如无特殊情况，不宜在中午休息时和一日三餐的常规时间打电话，以免影响别人休息和用餐。给单位打电话时，应避开刚上班或快下班两段时间，还要特别注意其所在地与国内的时差和生活习惯。

要注意通话长度，遵循电话礼仪的“三分钟原则”，即每次通话的时间应限制在三分钟左右为宜。不要在打电话给在家的人时谈公事。使用公用电话，如打电话的人较多，应自觉排队。自己的电话一时拨不通，应让别人先打。

②打电话前的准备

在电话中应该说些什么，一次电话该打多久，打电话前应有“腹稿”。如怕遗漏，可拟出通话要点，理顺说话的顺序，备齐与通话内容有关的文件和资料。打电话之前，要核对所打电话号码，以免打错，同时要调整好自己的情绪。

电话拨通后，应先向对方问候“您好！”接着问：“您是XXX单位吗？”得到明确答复后，再报自己单位和姓名，然后报出受话人姓名。如受话人不在，可请人转告，或过一会儿再打。如拨错号码，应向对方表示歉意。说话要直言主题，简明扼要，长话短说，不要丢三落四。有的人爱煲电话粥，要知道是不礼貌的，尤其是晚上。因此，打电话之前一定要先拟好要点，以免惹人讨厌。

(2)接电话的礼节

①及时接听

电话铃响后应马上接听。电话铃响后应遵循“铃响不过三声”的原则，不能耽搁。接电话时态度应当谦和，最好是双手捧起话筒以站立的姿势面带微笑地与对方通话。并备好电话记录本和笔，准备做通话记录。

拿起听筒后，应先说一句礼貌语：“您好！”或“早上好”，再报自己的单位或姓名，然后问对方找谁，切忌只问不答或与旁人说笑。如遇紧急情况要暂停通话时，应致歉并说明原因。如果自己不是受话人，应热情传呼，不能把听筒一丢，就大叫“张三电话”，这对发话人和受话人都是失礼的。

应热情告诉对方：“请稍候，他马上就来。”如果找的人不在，则要重新拿起话筒，询问对方是否需要转告，并记下对方的电话号码和姓名，不可表现出冷淡或厌烦，不能让对方久等，或一挂了之。如接到别人打错的电话时，应以礼相待，并耐心听清对方要找什么单位、什么人，尽可能为对方提供所要的电话号码，不可指责、辱骂对方。

②最好不用免提

如果作为一个女性你冲着免提电话大声说话，这不仅影响形象而且是很不礼貌的。如果必须使用免提电话，则须遵循如下礼规。

一是不要在对话的一开始就使用免提电话。

二是要使用免提电话时，要先征询对方意见，并解释原因，如说：“张三、李四将和我们一起完成这个项目。所以我希望他们也听听我们的对话”。

三是介绍在场的每个人。

四是一次只能一个人讲话，而且应靠近电话机。每个人讲话时先自我介绍，如中途离开换人讲话，要打招呼。总之，免提电话只在需要时使用，平时则要慎用。

另外，还要注意不同国家接电话时的不同询问方式。中国人一般问："喂，你找谁？"现在第一句话则是问候语："您好！"美国人只是简单而又亲切地说一句"嗨！"德国人则首先把自己的姓名告诉对方。俄罗斯人一般说"我在听着！"法国人好奇地先问："你是谁呀！"意大利人则彬彬有礼地说："准备好了，请你说吧！"英国人却是首先认真地把自己的电话号码告诉对方。

(3)用好"电话语言"

①注意"电话形象"

女性电话语言，不仅要坚持用"您好"开头，"请"字在中，"谢谢"结尾，更重要的是控制语气语调。

如果你是一位有着美丽的嗓音的女性，再加上你与人通话时态度谦恭，语气热诚，语调温和而富有表现力，音量适中，快慢适当，措词准确，语言简洁，口齿清晰，并且用的是"带微笑的声音"，声音甜美柔和，彬彬有礼。那么，你将大受欢迎。

另外，你还要对发话者说的事感兴趣，给对方以愉快、亲切，可以信任的感觉。特别是有关时间、地点要交代准确，使人感到亲切自然，切不可高声大喊，装腔作势或拿腔捏调、嗲声嗲气，更不能粗暴无理。

通话时还要注意举止文明，以端正的体态接打电话。发话者最好起身站立，双手握持话筒，使口部与话筒之间保持3厘米左右的距离。不能把话筒夹在脖子下，或是趴着、仰着、坐在桌角上与人通话。拨号时，不能以笔代手，或边打边吃东西、边抽烟。

②认真倾听礼貌应答

平时在电话机附近应备有电话号码簿、电话记录本和笔。懂得倾听的女性是聪明的女性，当你接电话时应放弃一切闲谈和停下其他工作，认真聆听发话人的谈话和要求，重要内容还要边听边记，并向对方复述一遍，以便校正。

在通话中，应礼貌地呼应对方，适时地应声附和，不时地“嗯”、“哦”一两声，或说“是”“好”“对”之类的话语，让对方感到你是在认真倾听，不要默不作声，不要轻易打断对方的谈话。

如发觉电话内容不宜为外人所知或有急事需要处理时，可委婉告诉对方：“我身边有客人”或“我有急事要处理，等一会儿我再给您回电话。”如获知有人来电话找过自已，不管对方是否要求回话，都应尽早回话，如隔时较久，给对方回话应表示歉意并解释原因。

(4)“电话结束语”不能马虎

电话通讯，一般由发话人结束谈话，你为作受话方应等对方挂机后再放下听筒。不要仓促挂断电话，甚至对方话未说完就挂断电话。

临近通话结束，应礼貌道别，向发话人说一声“麻烦您了”，或道一声“再见”或“谢谢”。并恭候对方先放下话筒，不宜“越位”抢先。挂电话时，应以双手轻放话筒，不要在未道再见的情况下，猛然“砰”的一声挂断电话。更不能盛气凌人，把话筒用力一摔，令听者震耳欲聋，这是极端粗野无礼的行为。

(5)手机的使用礼规

随着科技的进步，手机异军突起，手机沟通也日益频繁。但很多人不注意使用手机的时间、地点、语态等，常常给人以“钱高品低”的不良印象。手机是实用性很强的通讯工具，作为女性，在使用手机时除要遵守电话礼节外，还应讲究使用手机的礼规。

①公共场合慎用

女性须知在教学场所(包括课堂、自习室、实验室、图书馆)和医院、会议室、礼堂、法庭、戏院、影院等需要保持安静的公共场合，打手机或手机铃响是极不礼貌的。若进入上述场合你应立即关机，或改为振动式来电显示。若有来电，应迅速离开现场，再与对方通话，且应简单明了，不宜长篇细谈。

②忌妨碍他人

在电梯内、车厢中、餐厅内等人群中打手机，应调低音调，压低嗓门，对方能听清即可，尽量少用或不使用“体势语”，让干扰减少至最低程度。除非有急事，一般不要打手机给在家的人，因为在家的时间是珍贵的。

③尊重对方

若在谈话中需要接手机，除礼貌地说“对不起”之外，还应走至无人处或面向无人的方向，不可面对他人接话，更不可边听谈话边接手机。

不轻易向他人索要手机的号码；不随意向他人借用手机。也不应在使用手机时讨论机密事项或私人私密。

④确保安全

不要在高速驾车中使用手机，这种边开车边打手机的做法是非常危险的。也不要在对电磁波敏感的地方使用手机。在飞机上使用手机会干扰机上通信网络，危及飞机安全，所以乘客在登机前一定要关闭手机，以免导致飞行事故。在医院、加油站附近、燃料库、化工厂、进行爆破作业的地点，应该禁用手机，以防止无线电信号引起触爆。

⑤科学使用

我们在使用手机的过程中，一定要注意如下事项，以减少辐射对自己的威胁：直接用送话口通话，并让天线高于肩头；有可伸展天线的手机，通话时应完全拉出天线；通话时不要接触天线；在使用手机时，可以采用手机专用耳机，实现远距离使用是比较有效的办法；手机接通瞬间释放的电磁波容易致癌，所以手机响时，一秒后再听手机。

⑥放置到位

女性携带手机、呼机应放在坤包内，不宜握在手里、挂在衣服外面，以免给人不雅或摆阔的印象。

以上是有关电话的种种礼节，作为女性若你能学习它，然后加以运用，必能成为受人欢迎的女性。

6.做一个高情商女人

情商的高低不一，使得人们日常生活行事的态度和行为方式很不相同，前面提到情商低的女人种种可能存在的误区，这里再讨论高情商女人成功的、激动人心的处事方式。

(1)行动才是真理

“当发现自己陷入困境时，我就姑且先写一些粗糙的草稿，它有多么粗糙、多么不加修饰就让它多么粗糙、多么不加修饰好了。然后，回过头来再改写这部分。这似乎在最近几年中帮了我的忙，使我的‘写作障碍’没有发作的余地。反正，除了我之外，没有人会去看这些草稿，我就暂且不去评价它，我只管硬着头皮干下去。不管忽然想到什么可能的思路，都把它写在纸上。假若过后看起来觉得那些东西不好，我随时都可以修改，而与此同时，我也就前进了一步。”

有些女人做事总要等到自己情绪良好再说，但一些聪明的女人却不会这么做，她们总是先干起来再说。以上一位小说家的经验，也许会对我们大有帮助。

人要幻想自己一开始就写得很“精彩”，起码在头脑中，在还没有写到纸上之前是这样。你要是先把它写下来，然后，你就能有一个明确的东西，可供你去改写、去修正、去提高。先干起来吧！

在那些你想有所改变或有所创新的领域中，干起来是取得成功的关键。高情商女人都有这样的特征：她们不管情绪如何，总是坚持正常工作，她们努力培养“坐下来”的努力，使自己置身于一个最可能取得成功的环境之中；她们只要有一个不完备的计划、一个粗糙的想法、一个念头、一个草案，她们就着手去干，然后不断加以改进。真正重要的是，她们懂得假如不去尝试，就永远实现不了自己的目标。

(2)坚持就是胜利

目标是一点一点、一步一步达到的，因为学习是缓慢进展的。而进步需要时间，有时甚至需要花成年累月的时间，成功女人明白这一点。当她们为成功而奋斗时，她们一步一步前进，给自己以尝试与失败的机会，她们的经历都非常相似，她们懂得即刻满足是不现实的，而要动手干起来，她们及早动手并且坚持下去。

对你来说，重要的是要明白，那些身居“高位”的女人们，通常都是从“底层”干起来的！她们努力工作，慢慢地升上来，边干边学，发现失误，并掌握自己的专长。她们的一生，很像是往银行里一分一分地存钱，随着在知识和经验方面的日益富有，她们就成了学识广博的人。

高情商女人懂得学习需要时间，知道不可能在一天之内就攀上自己理想的巅峰，当堕入了一种自己希望戒除的旧习惯的时候，她们就尽快回到正确轨道上来，并坚持不断地努力。视失败为益友，积极吸取教训，努力再去一试。

(3)全身心地努力

成功女人之所以成功，是因为她们能致力于力所能及的或经过拼搏才能胜任的工作，积极地与著名的成功者相比较，把他们当成楷模……她们靠着起早贪黑、反复努力、坚持不懈去战胜哪怕是最严重的困难，在别人说她不具备条件时，也绝不放弃希望和努力，相信只有行动才能把人生引向成功，即使有点灰心，也绝不后退，认为除了干下去，别无选择。

高情商女人是创造者，是社会生活的推动者。她们懂得正是工作才把人生的罗盘拨向成功的一面。

她们想要把事情办成，并坚持努力不懈。高情商女人专心致力于那些有可能完成的事情，对自己面临的每一个挑战，都全力以赴。

高情商女人可能并不是人群中最聪明的，但都是热忱而顽强的人，对成功而言，并不必须要有很高的智商，也不在于天资。因为天生的才能并不能确保成功，一些杰出的“神童”，她们却始终未能名符其实地发挥出其潜能；一些公认是最有可能成功的学生，后来却表现平平。

(4)抓住每一次机会

情商高女人从来不拖延到“有朝一日”再去行动，她们今天就干，一遇到问题，马上就处理。

她们不浪费时间去发愁，因为那无济于事，而只能重复和加剧自己的痛苦。相反的，她们总是满怀热情、干劲十足地致力于寻找解决问题的方法。她们努力工作，创造自己的突变和契机；她们甘愿从小处着手，去做任何能为她们积累经验的工作，她们立即着手工作，没工夫去为昨天苦恼或去推测明天，而是专注于今天。她们通常都是超时工作，即使在正常的工作日里，在把工作干完以前，她们也不去看钟点。

(5)积极心态的力量

高情商女人为周围的美好事物和自然景观而感到愉悦。她欣赏鲜花之含苞欲放、雨后之空气清新，以及诸如此类的小事情；她善于把自己的思路和言谈都引导到振奋人心的、鼓劲儿的观念上去；她善于体验现实中的美好事物。认为过去是一个可供借鉴的信息库，而未来是一片快乐的、前途无限的、引人入胜的乐园。

她迅速地解决问题，把环境中的消极方面压缩到最小限度，并竭力找出积极的东西。致力于在自己的环境中去寻求发展和学习的好机会。

她经常对别人微笑，也得到别人微笑的回报。对经历过的活动总是给以积极的评论，并总是热情洋溢地谈到自己与人共处的时光。恼火或不愉快时，就动手扭转处境，懂得活得快乐是自己的责任所在。

高情商女人爱用这样一些词语：极好的、好的、温暖的、重要的、我喜欢、令人激动的、了不起的，等等。高情商的女人知道保持一种积极向上的乐观的态度，是拼搏获胜的关键。同一件事，常常可以被说成"好的"或"坏的"，"快乐的"或"痛苦的"。决定性的因素一般是取决于个人所参照的标准，而不是所发生的事件本身。

(6)真诚的肯定

治疗精神病的艾琳·凯苏拉医生用她独特的方式治疗一个病人，"我用的方式说起来很简单，"艾琳医生说，"就是：

健康的行为博得赞扬(或肯定)

病态的行为没人理睬(或否定)

结果令人振奋

"查理被称为'英国严重的病人'。他除了整天坐在椅子上之外，实际上什么不干。他难得抬起眼皮看看或挪动一下。30年来没说过一个可以让人理解的字，病房的一位护理员管她叫'乌有先生'。若以成功、失败而论，他可以称得上是'英国最不成功的人'。他，是个极端不幸、彻头彻尾的失败者。

"我的目的是对他做出的最微小努力加以奖励，奖励他脸上或嘴的任何一个动作。我期望他的鼻子抽动一下，或者哼一声，打个嗝，那样我就能开始用积极的肯定去鼓励健康的行为了。

"我知道转变是一场搏斗，因为它是缓慢发生的，一小步一小步，一天又一天，要不断给予鼓励。

"当查理闷头不响或以任何方式表现出古怪行为时，我就掉过头10秒钟。我要强调一下，这就是我给查理的最消极、最严酷的惩罚

——不理他。

“我从不大喊大叫或生气，当然更从来没有过打他或对他不客气。

“到结束这31天的实验时，查理谈论着，高声朗读着书报，并且在90%以上的时间里都能正确地回答我的问题。我使用的强有力的神奇工具中的一部分简单的武器就是诸如‘很好，布鲁克先生’或‘我喜欢你发出的这种声音’这样积极的肯定。”

真诚肯定的力量是不可思议的。这种力量能使一个精神上已经死去30年的人受到激励，重新去听、去学、去做并发生转变。试想一下，假如你把这种积极的鼓励引入到自己的生活中，你将会取得什么样的成就啊！不论你希望的是什么，激励孩子去学习，使你爱人更加充满深情，让老板提拔你或让父母和朋友更加赏识你……那就用你的真诚、你的真诚的肯定去达到吧！

高情商女人就走在这条光明大道上，她们鼓励别人做出努力。理解进步是在微小的增长和缓慢的提高中渐渐取得的。她们给人以真诚的肯定和感激，而不附带任何消极的东西，以此来激励人们；她们也为自己在达到目标的方向上所做的努力和所取得的哪怕是最微小的成就而赞扬自己。

(7)不要争论

高情商者以赞扬和感激来回报别人的帮助，给人以大量的积极肯定，如微笑、赞扬和爱抚等等。经常保持这种高涨的积极态度，而极少说消极的话；她们致力于维护互相关心的友好气氛；在争论中她们承担起责任而减少冲突，很快地改变别人的戒备态度，去投入眼下的工作；她们真诚地肯定对方并且说：“请告诉我你的观点。”然后注意倾听，不去争论或辩解。

对任何信息的提供、合作或帮助，即便是只和自己的目的贴一点边儿，都真心诚意也给予回报，以使下一次得到更贴近自己目标的帮助；她们大量使用真诚的肯定来表示承认别人所作出的贡献。对于别人的全部努力和成就都给予回报，以此鼓励人们更多地参与和作出成绩。

理解别人发火可能是由于内心的恐惧，应该平心静气和对方商讨问题，同时纠正针对自己的消极的评论。

(8)诚实第一

你要是想做个成功女人，就要自豪地、直截了当地讲真话。当你真诚、坦白地把自己的情况告诉大家时，人们是非常可爱的。你会惊奇地发现她们会仿效你，邀请你进入她们自己的内心世界。毕竟大家都知道，你是个人，而不是一台机器、一部百科全书，有时候你会犯错误、犯糊涂，说一些日后自己会懊悔的话，在判断上出现严重的失误。这正是置身生活中的光明磊落的人所做的一切。诚实、坦率并承认自己没干好某些事，这将会使你受到别人的赞美。

高情商女人无不具有诚实的特征。她们告诉别人自己在想什么和需要什么。如果有不同意见，就会面对面地、温和而直截了当地解释明白。她们深知诚实比说谎和装假要更轻松和更少劳神。

高情商女人在初次与人交往时真实反映出自己的本来面目。由于她们的坦诚，别人信任她们，愿意进一步了解她们。她们通过使别人了解自己的办法，而不是靠专挑别人的错误和问题来表明自己的真诚。她们相信自己的好意，也很重视别人的感受。总之，她们表现出自己的本来面目，而不去投人所好、弄虚作假。

(9)笑对逆境

当遇到困难时，当怀疑自己的处理能力时，当不得不去应付一位你最不愿与之打交道的客户时，你如果感到恐惧和忧虑，是正常的。成功者比正常人要接受更多新的挑战，感受的也就更多。成功者往往能不为困境所惑，集中精力干好自己的事，她们把忧虑化为前进的动力。

你也可以学会如何化忧虑为动力，去点燃那载你驶向目标的火箭。反过来，自我怀疑和无能为力的感觉会削弱你的精力和应变本领。有很多例子可以说明这一点，失败的女人是如何对困难感到害怕，以致采用各种自我毁灭的方法来麻醉自己，从而摧毁了自己的力量。

高情商女人在试图解决问题和学习新的技能时，也常常感到胆怯，但她们能把忧虑转化为动力，自己去争取实现目标的力量，在紧急情况下，能焕发出惊人的潜力。她们的恐惧和忧虑成了力量的源泉，使她们能完成那些似乎根本不可能完成的任务。

她们承认自己对于困难所感到的忧虑，并使自己适应那随之而来的不舒服的感觉和生理症状。总是今天就动手去完成那件令人焦虑的工作，而不是明日复明日。当面临艰难紧迫的任务而又感到身上疼痛和精神苦恼时，仍然坚持干下去，不变更自己的日程安排，也不以身上的症状为借口去逃避工作或博得同情。当身陷困境时，就变得更加斗志昂扬。总是坚持工作到找出一个可行的解决办法来。

总之，高情商女人知难而进，选择“艰难、忧虑”之路，她们知道，尝试各种不同的生活方式，可以得到在安逸的生活中绝对不可能得到的见识和成功。

7.解读知性女人

在汉语词典中，知性的定义是："具备知识和理性等特质。"知性女人除了标志一个女人所受的教育以外，其实还有一层更深刻的意义，应该是女人特有的一种聪慧，它源于女人所受的教育和环境，可又并非是哪一个看上去文文静静一些女人就可以被称之为知性的。知性必然是一种积累，知识的积累，生活的积累。

其实知识只是知性的一个基础。有很多女性朋友，大部分都受过高等教育，不过真正可以称得上知性的寥寥无几。女人就像一本书，有的有着深刻的内涵，有的只是儿童读物。

知性女人的定位，展现了都市女性所应有的形象：有知识、有品位、有属于女性的情怀和美丽。她可以没有羞花闭月、沉鱼落雁的容貌，但她一定有优雅的举止和精致的生活。也许没有魔鬼身材、轻盈体态，但她重视健康、珍爱生命。

她们兴趣广泛，精力充沛，保留着好奇的童心。她们有理性，也有更多的浪漫气质，春天里的一缕清风，书本上的几个精美词句，都会给她带来满怀的温柔。知性女人经历了一些人生的风雨，因而也懂得包容与期待。

知性与品位是女人魅力的一对姊妹花，高品位会让女人浑身上下散发出柔和淡雅的知性之美，知性会让女人的品味更高。

打扮外表很容易，或许只要稍加用心就可以了。而要提高品位，那就得下一番工夫了。泡图书馆，听音乐会，参观名画展，进行一些民间文艺考察，甚至参与一些文化人搞的活动。这些都是女人提高品味的砝码，会让你在不知不觉中提高品味，浑身流露出一种知性之美。

知性女人，如同周敦颐在《爱莲说》中所描绘的莲一般“中通外直，不蔓不枝，香远益清，亭亭静植，可远观而不可亵玩焉”。知性女人不是压群艳、傲百花的牡丹；不是空守幽谷的山中木樨，而是携着矜贵香氛的精致白莲花。她们聪明却不张狂，典雅却不孤傲，内敛却不失风趣。女人的知性美是她们身上内敛的一轮光华，它不眩目，不耀眼，其光若玉，温润、莹透、可感、可品、可携。

知性女人感性却不张狂，典雅却不孤傲，内敛却不失风趣。一如娱乐圈中的刘若英、蔡琴、张艾嘉，她们虽算不上天姿国色，但却都很有才情，而且温和、清爽、真实。一如她们的歌声，飘散着温润的芬芳，愈品愈香浓，其中不仅有藏不住的妩媚动人的女人味，还沁出了淡淡诗情……

知性和年龄有关。30 岁之前，是张扬的、单薄的；30 岁之后，是内敛的，是饱满的、丰富的。

知性和阅读有关。对书的钟爱，能让女人收获思想，收获人生感悟，从而可以从容地观察世界。

知性女人，就像一块开琢的璞玉，经过时光的细细打磨，越发显得晶莹，圆熟，让你时时感到美丽绵延无绝期，青春辗转不尽头。知性，在青睐女人的同时，也被女人吸纳，令女人独具内蕴，呈现完美。

(1) 知性女人是灵性与弹性的结合体

灵性是心灵的理解力。有灵性的女人天生慧质，善解人意，能领悟事物的真谛。她极其单纯，但单纯中却有一种惊人的深刻。灵性是女性的智能，它是和肉体相结合的精神，是荡漾在意识与无意识间的直觉，是包含着深刻理念的感性。有灵性的女人以她的那种单纯的深刻令人感到无限韵味与魅力。

弹性是性格的张力，有弹性的女人，性格柔韧，收放自如。她善于妥协，也善于在妥协中巧妙地坚持。她不固执己见，但有一种主见。弹性是女性的力，是化作温柔的力量。有弹性的女人既温柔，又洒脱，使人感到轻松和愉悦。

灵性与弹性的统一，表明有的女性具有一种大气，而非平庸的小聪明。知性女人是具有大家风范的。

(2) 知性女人，体现在头脑明晰，心智成熟

知性女人，会审时度势，跟着时代的脉搏亦步亦趋，她对新生事物会持一种见怪不怪的洒脱态度，面对喧嚣的尘埃，她知性得待其落定，以理智笑纳势如汹汹，以平静典当余波森森，永远不囿于陈规陋习，永远不固执己见。历经岁月的磨砺，知性女人已褪去年少轻狂，淡然个性张扬，戒骄戒躁，物我两忘。

她的悟性，明理性，综合性都揉捏得恰到好处，她会冷静地审视自己走过的路，在理智前行的同时，不断回首来时路的一次次蝶变，她会在一次次的蝶变中挣扎着破茧而出，在一次次的磨砺中成熟起来，并积淀着经验。以一种让人折服的成熟，展现知性女人的魅力。

(3) 知性女人，体现在有一个健康的心态，一个不老的情怀

知性女人，有一个健康的心态，才会正确处理事情，正确面对感情。健康的心态，让她不以物喜，不以己悲，少了浮躁，争强好胜；多了娴静，淡定恬然。寒来暑往，斗转星移，世事轮回，她能于冥冥中感悟那一个规律，她能够勘破人伦世态的玄机，把握开启生命运转的钥匙。

知性女人会健康向上地热爱生活，谆循自然的规律，她会将生命中一切可圈可点的灿烂，融进生命如歌的旋律中，无论是激扬的，还是舒缓的，都将视平淡为主旋律，在悠悠岁月的长河中，只做一缕清风般偶然回首，惬意地任它荡起丝丝涟漪。

有了健康的心态，就会多了健康的情怀，健康而年轻的情怀，才会令女人年轻而美丽。杨澜的知性，就很令人称道，她不但聪明睿智，她还有一个年轻的心态，笑侃女人40岁的时候，一句“女人40

岁，吓唬谁呀！”她的言下之意，“40 岁不是女人的悲观年龄”，多么年轻的心态，多么自信的语言。我想杨澜说这话时一定是自信不屑地弯着嘴角，正笑盈盈地望着我们。

(4) 知性女人，体现在秀出自我，体验价值

女人能够善待人人，感恩一切；能够从容恬淡，与世无争；还可以展示健康的心态，可以睿智而豁达地展现自我人格魅力。但仅限于此，还不能算是个“知性”的女性。女人的知性，还应该体现在自己设定的价值观上，并实现自我，彰显自我。

每个人都不能用智力来评估他的贤愚，因为每个人身上潜藏的智能因素不同，乐感好的人，会体现旋律智能；文笔好的人，会体现文字智能；思维缜密的人，会体现逻辑智能；肢体语言发达的，会体现运动智能和表演智能。

除此之外，还有“善将将，不善将兵”的刘邦式的政治智能；有点兵“多多益善”的韩信式的管理智能，有萧何“安抚宇内”的人际智能，等等不一而足。如果每个人展现出自己那份智能，就已经体现了自我价值。女人也一样，你会一门手艺，会一种特长，譬如理财，掌握美容诀窍，协调家庭关系，这些都可以一展你的才能，并且在自我挖掘，自我实施智能体验过程中，感受一份快乐。

(5) 知性女人，是女人中的达人

有良好的品德修为，良好的文化素养熏陶的知性女人，更易于感知生命的无常。所以以平常心对万物，以慈悲心宽宥他人，衣食住行有自己的调子，可以简约而不失品位，可以分五谷而调停饮食，可以自创一份温馨的家居而不崇尚浮华，可以于行色匆匆众人中走出一派天然的风景。

知性女人还应该是静静绽放的花朵，永远散发着淡淡幽香，无论阡陌寻常的野菊，还是良苑华贵的牡丹，都一样以脉脉的余香，以百变不摧的知性，展示着自我，塑造着完美，美丽而充实地花开花谢，尽显美妙风光。

第二章　如影随形的招牌——女人的美丽资本

美，自古以来就是一个永恒的主题。身为女人，我们无法不关注自己的外在形象。对女性来讲，流畅的曲线、优美的身材是梦寐以求的事情，俏丽的容貌更是她们一生的追求。有魅力的女人更应该懂得打扮，千万别让一个蒙了尘的外表，遮住了内在的万丈光芒。

1. 养颜最应该吃的美容食品

女人养颜要内调，单纯通过护肤品的使用来美容护肤，其实是不够彻底的。毕竟，好肌肤所需要的营养，通过食补的方法来补充，比你用外敷外用的方法来补充来得更加有效和安全。那么，女人要养颜，吃哪些食物最有效呢？今天，和大家一起来分享美容养颜TOP10的美容食品！

(1) 黄瓜

味甘，性平，又称青瓜、胡瓜、刺瓜等，原产于印度，具有明显的清热解毒、生津止渴功效。现代医学认为，黄瓜富含蛋白质、糖类、维生素B2、维生素C、维生素E、胡萝卜素、尼克酸、钙、磷、铁等营养成分，同时黄瓜还含有丙醇二酸、葫芦素、柔软的细纤维等成分，是难得的排毒养颜食品。

黄瓜所含的黄瓜酸，能促进人体的新陈代谢，排出毒素。维生素C的含量比西瓜高5倍，能美白肌肤，保持肌肤弹性，抑制黑色素的形成。黄瓜还能抑制糖类物质转化为脂肪，对肺、胃、心、肝及排泄系统都非常有益。夏日里容易烦躁、口渴、喉痛或痰多，吃黄瓜有助于化解炎症。

(2) 荔枝

味甘、酸，性温，有补脾益肝、生津止渴、解毒止泻等功效。李时珍在《本草纲目》中说："常食荔枝，补脑健身……"《随身居饮食谱》记载："荔枝甘温而香，通神益智，填精充液，辟臭止痛，滋心营，养肝血，果中美品，鲜者尤佳。”

现代医学认为，荔枝含维生素A、B1、C，还含有果胶、游离氨基酸、蛋白质以及铁、磷、钙等多种元素。现代医学研究证明，荔枝有补肾、改善肝功能、加速毒素排除、促进细胞生成、使皮肤细嫩等作用，是排毒养颜的理想水果。

(3)木耳

味甘，性平，有排毒解毒、清胃涤肠、和血止血等功效。古书记载，木耳“益气不饥，轻身强志”。

木耳富含碳水化合物、胶质、脑磷脂、纤维素、葡萄糖、木糖、卵磷脂、胡萝卜素、维生素B1、维生素B2、维生素C、蛋白质、铁、钙、磷等多种营养成分，被誉为“素中之荤”。

木耳中所含的一种植物胶质，有较强的吸附力，可将残留在人体消化系统的灰尘杂质集中吸附，再排出体外，从而起到排毒清胃的作用。

(4)蜂蜜

味甘，性平，自古就是滋补强身、排毒养颜的佳品。《神农本草经》记载：“久服强志轻身，不老延年。”蜂蜜富含维生素B2、C，以及果糖、葡萄糖、麦芽糖、蔗糖、优质蛋白质、钾、钠、铁、天然香料、乳酸、苹果酸、淀粉酶、氧化酶等多种成分，对润肺止咳、润肠通便、排毒养颜有显著功效。

近代医学研究证明，蜂蜜中的主要成分葡萄糖和果糖，很容易被人体吸收利用。常吃蜂蜜能达到排出毒素、美容养颜的效果，对防治心血管疾病和神经衰弱等症也很有好处。

(5)胡萝卜

味甘，性凉，有养血排毒、健脾和胃的功效，素有“小人参”之称。胡萝卜富含糖类、脂肪、挥发油、维生素A、维生素B1、维生素B2、花青素、胡萝卜素、钙、铁等营养成分。现代医学已经证明，胡萝卜是有效的解毒食物，它不仅含有丰富的胡萝卜素，而且含有大量的维生素A 和果胶，与体内的汞离子结合之后，能有效降低血液中汞离子的浓度，加速体内汞离子的排出。

⑹苦瓜

味甘，性平。中医认为，苦瓜有解毒排毒、养颜美容的功效。《本草纲目》中说苦瓜“除邪热，解劳乏，清心明日”。苦瓜富含蛋白质、糖类、粗纤维、维生素C、维生素B1、维生素B2、尼克酸、胡萝卜素、钙、铁等成分。

现代医学研究发现，苦瓜中存在一种具有明显抗癌作用的活性蛋白质，这种蛋白质能够激发体内免疫系统的防御功能，增加免疫细胞的活性，清除体内的有害物质。苦瓜虽然口感略苦，但余味甘甜，近年来渐渐风靡餐桌。

⑺海带

味咸，性寒，具有消痰平喘、排毒通便的功效。海带富含藻胶酸、甘露醇、蛋白质、脂肪、糖类、粗纤维、胡萝卜素、维生素B1、维生素B2、维生素C、尼克酸、碘、钙、磷、铁等多种成分。

尤其是含丰富的碘，对人体十分有益，可治疗甲状腺肿大和碘缺乏而引起的病症。它所含的蛋白质中，包括8 种氨基酸。海带的碘化物被人体吸收后，能加速病变和炎症渗出物的排除，有降血压、防止动脉硬化、促进有害物质排泄的作用。

同时，海带中还含有一种叫硫酸多糖的物质，能够吸收血管中的胆固醇，并把它们排出体外，使血液中的胆固醇保持正常含量。另外，海带表面上有一层略带甜味儿的白色粉末，是极具医疗价值的甘露醇，具有良好的利尿作用，可以治疗药物中毒、浮肿等症，所以，海带是理想的排毒养颜食物。

⑻茶叶

性凉，味甘苦，有清热除烦、消食化积、清利减肥、通利小便的作用。中国是茶的故乡，对茶非常重视。古书记载：“神农尝百草，一日遇七十二毒，得茶而解之。”说明茶叶有很好的解毒作用。

茶叶富含铁、钙、磷、维生素A、维生素B1、尼克酸、氨基酸以及多种酶，其醒脑提神、清利头目、消暑解渴的功效尤为显著。现代医学研究表明，茶叶中富含一种活性物质——茶多酚，具有解毒作用。茶多酚作为一种天然抗氧化剂，可清除活性氧自由基，可以保健强身和延缓衰老。

(9)冬菇

味甘，性凉，有益气健脾、解毒润燥等功效。冬菇含有谷氨酸等18种氨基酸，在人体必需的8种氨基酸中，冬菇就含有7种，同时它还含有30多种酶以及葡萄糖、维生素A、维生素B1、维生素B2、尼克酸、铁、磷、钙等成分。

现代医学研究认为，冬菇含有多糖类物质，可以提高人体的免疫力和排毒能力，抑制癌细胞生长，增强机体的抗癌能力。

此外，冬菇还可降低血压、胆固醇，预防动脉硬化，有强心保肝、宁神定志、促进新陈代谢及加强体内废物排泄等作用，是排毒壮身的最佳食用菌。

(10)绿豆

味甘，性凉，有清热、解毒、祛火之功效，是我国中医常用来解多种食物或药物中毒的一味中药。绿豆富含维生素B族、葡萄糖、蛋白质、淀粉酶、氧化酶、铁、钙、磷等多种成分，常饮绿豆汤能帮助排泄体内毒素，促进机体的正常代谢。

许多人在进食油腻、煎炸、热性的食物之后，很容易出现皮肤痒、暗疮、痱子等症状，这是由于湿毒溢于肌肤所致。绿豆则具有强力解毒功效，可以解除多种毒素。

现代医学研究证明，绿豆可以降低胆固醇，又有保肝和抗过敏作用。夏秋季节，绿豆汤是排毒养颜的佳品。

2.5个好习惯，让皱纹晚来10年

世界上没有哪个女人希望在自己的脸上看到皱纹，但是不管你愿不愿意，它都会不请自来。我们所能做的就是让它晚一些来。如何才能晚一点在自己的脸上看到皱纹，是女人最关注的问题。本书为你总结出一套“抗衰老五大习惯”的方案，只要你从现在开始养成这些习惯，皱纹就会比同龄人晚来10年。

习惯一：一生之计在于晨

当一个人开始衰老的时候，最开始衰老的部位是肠道，而肠道衰老带来的最直接的问题就是便秘。

你需要：

早上起床，喝一杯温热的白开水，不但可以补充水分，还可以排宿便、清毒素。

一定要吃早餐。在三餐定时情况下，人体内会自然产生胃结肠反射现象，有利身体排毒；反之若不吃早餐成习惯，就可能造成胃结肠反射作用失调，产生便秘。久而久之，会导致皮肤干燥、起皱和贫血等，加速人体的衰老，严重时还会造成营养缺乏症。

推荐早餐：

一杯新鲜酸奶＋两片全麦面包＋一个西红柿。酸奶和西红柿的维生素A含量都非常高。维A的主要功效还有促进肌肤细胞新生，提高皮肤深层细胞新速度，加强细胞间的连接力，使皮肤富有弹性，调节皮肤细胞角质化的过程。

另外，建议每周食用高纤维食物 2－3 次。米糠和麦糠中的膳食纤维含量最高，它们可促进大肠的蠕动，缩短食物在大肠里停留的时间，防治便秘；另一方面它们能像海绵一样，吸附肠道内的有毒物质，并及时排出体外，减少肠道对废毒物质的吸收。

习惯二：脸部按摩法，每天 3 分钟

这是一套促进脸部血液循环，缓解皮肤肌肉紧张的简易脸部运动。

①缓解面部肌肉紧张法

面对镜子，挺胸直立。两脚自然平行分开。

用手背托住两个下颌。

自然发笑，使面部下方肌肉稍显紧张。

深呼吸的同时将两个肘部向两边抬起。用手指和手背轻按下颌，缓缓抬起。

两肘部和手完全成水平时，利用手的压力托起下颌，直到头微微扬起，接着继续深呼吸。第一次持续 5 秒钟为佳。

利用 5 秒钟左右的时间吐气恢复原来姿势，利用下颌的自重轻压手背。

动作熟练后，深呼吸的时间逐渐延长至 5 秒、8 秒、10 秒……反复次数越多越好。

②恢复下坠肌肉生机法

坐姿、卧姿、站姿皆可以进行。

在上嘴唇和下嘴唇中央，各设定一点。嘴微微张开，将设定的点最大限度地含进嘴里。整体上，将嘴唇向里卷起，嘴形微张，呈椭圆形。

食指放在两个颧骨的顶点。

接上动作，反复进行将嘴角缓缓向上吊起后放松的动作。用食指感觉颧骨周围的肌肉，最大限度地向上吊起。

反复进行该动作10—20次。

习惯三：永远年轻的饮食秘密

“饮食是健康的基础。”控制好饮食，你至少控制了皱纹出现一半的几率。

饮食秘密①多食水果和蔬菜

蔬菜和水果在饮食中是非常重要的。它们富含大量的营养物质，包括维生素、矿物质、抗氧化剂和植物纤维等。

维生素和矿物质对人体健康可谓至关重要。因为如果你的身体中含有人体所必需的营养物质，那么你的身体就等于有“保健工具”在进行自我治疗。

饮食秘密②多食含抗氧化剂食品

我们知道，自由基是造成人类衰老的最大因素。身体内的自由基一旦过量，就会产生很强的氧化作用而侵害体内细胞，造成衰老、皮肤黑斑、过敏及心血管疾病。

抗氧化剂能够保护我们不受自由原子基的影响。蔬菜和水果最重要的作用之一，就是能向我们人体提供抗氧化剂。维生素A、维生素C、维生素E以及微量元素硒和锌等，都属于抗氧化剂。

以上这些成分，大多含于下列食物中：

维生素A——橙子等黄色水果；胡萝卜、南瓜等蔬菜；鱼等。

维生素C——水果(尤其是柑橘类水果)；绿叶蔬菜如椰菜、菜花等；浆果类如草莓、蓝莓、覆盆子等，还有马铃薯和甜薯等。

维生素E——坚果、种子、鳄梨、蔬菜油、鱼油等。

硒——巴西果、金枪鱼、卷心菜等。

锌——南瓜、葵花籽、鱼、杏仁等。

饮食秘密③多食含络合碳水化合物食品

碳水化合物能给人体提供能量，而能量的吸取的多少，则完全取决于你所食用的碳水化合物食品的形式。

简单碳水化合物(除水果外)都属于精制食品。络合碳水化合物和简单碳水化合物对人体来说，差异是非常显著的。前者能够防止人体疲劳，平衡人体的血糖浓度，还能降低胆固醇并帮助平衡人体荷尔蒙的分泌。

推荐食物：燕麦粥、玉米片、全麦面包、新鲜的有机酸奶、考咸鱼等。

习惯四：选适合自己的内衣

在人体器官衰老排行榜中，第二位是胸部。女性的胸部一般从25岁就开始衰老。

随着年龄的增长，当然也有地心引力的影响，胸部会慢慢开始下垂，而如果不注意胸部的保健，还可能患上乳腺增生、乳腺癌等疾病。选一个适合的内衣是每一个女人都必须做到的，好的内衣能让女性有充实、被保护的感觉。

专家建议：

①好的内衣能将你的胸部最高点向上提。一般来说，这一点应在肩膀至肘关节的正中。当体重出现明显增加或减轻时，应及时测量胸围，更换内衣尺码。

②永远记得乳房是女性最脆弱的部位，即便是和他水乳交融之际，也不能容忍他粗暴对待你的乳房。

③生个孩子吧，在适当的时候。因为当你生第一个孩子时，意味着你患乳腺癌的可能性减少了7%，而如果你选择母乳喂养则可让其再降低4.3%。

④适当使用美胸、紧实乳房的健胸霜。

习惯五：美丽女人，更爱惜自己

想保持年轻态，从生活中的小习惯开始做起。

①戒烟

研究证明，吸烟者的眼、嘴部会提前出现大量皱纹，脸色也更灰暗。虽然有很多让人烦恼的事情，但是并不一定只有烟才能让我们放松。戒掉烟，不妨去运动一下吧。

②愉快地笑出来

人们习惯把呆滞、无力的微笑，看做是“年老”的征兆，蜡黄的牙齿从唇间露出，僵硬的嘴角边是条条细纹，缺点也在瞬间被无限放大。然而，如果是发自肺腑地开怀大笑，其真诚会感染周围的人，甚至还能抹去额头的年龄标签。

③每周有2－3 次愉快的性生活

研究证实，性生活较频繁(每周3 次左右)的中年人比其他“无性”同龄人，看起来要年轻12 岁。因为前者皱纹少，皮肤更为光滑细腻。研究人员表示，在性生活过程中，大脑会分泌一种激素。它能减轻压力，使“时光倒转”。此外，愉悦的性生活，能让人睡得更香甜，皮肤自然也更白皙光洁。

④五分钟完全放松

当一个人处于完全放松的状态下，身体不会产生抗压激素，从而会感觉舒适宜人。人在这种放松状态下，紧张的情绪得到了释放，受压的肌肤也获得了休憩感。因此，不妨每天提醒自己放松5 分钟吧！

3. 眼部护理误区多

误区一：25 岁以后再用眼霜

眼霜对绝大部分人来说，都是必须的。不能简单根据年龄大小判断是否使用眼霜，要根据人的肤质、气候、环境等情况来决定是否使用及使用何种眼部护理产品。

干性皮肤的女性：由于饮食结构的改变，极干性皮肤在少女中为数不少。18－24 岁中性皮肤占大多数，但中性皮肤极易在某些时候呈现偏干或偏油状态。

季节因素：很多地方越来越干燥，尤其是全球暖冬现象，使很长时间空气湿度越来越小。暖气、空调器的长时间使用，使面部缺水，眼部皮肤首当其冲。

用眼过度：现代职业女性多数离不开文字和电脑，再加上大量的报刊影视光盘主宰休闲时光，眼部肌肉极度疲劳，导致眼周皮肤皱纹过早出现。

环境污染：环境污染直接导致面部皮肤的清洗频繁，极易使脂质水分流失，皮肤干燥，需要特别加以保护。

误区二：面霜可以代替眼霜

不可用普通营养霜替代眼霜。有些女性认为眼霜和面霜是一回事。眼霜大不了就是更细腻，高级一点，且价格昂贵。她们认为用质量可靠的面霜完全可以，因此常常将营养面霜当做眼霜涂抹于眼部周围，其实这样是非常不科学的。

事实上，眼部皮肤和面部皮肤完全不同。眼睛周围的皮肤是面部皮肤角质层最薄、皮肤腺分布最少的部位；同时，眼部皮肤却是一个人肌肤活动最频繁的部位，也是化妆中最复杂、拉扯皮肤次数最多的部位。眼部皮肤的解剖学结构决定了要使用完全不同于面霜的护肤品。

其次，营养面霜一般含有较多油性成分，营养油脂过剩便会沉积在皮下，形成脂肪粒，另外，一般的营养面霜所含的香精，也会刺激眼部娇嫩的肌肤，这些因素反而会使眼部肌肤过早衰老。

眼霜最根本的在于易吸收，不能承受过于营养的负担。一般来说水溶性成分较油性成分能快速吸收。最适合于自己的眼霜不是油乎乎的，而是皮肤表面完全吸收，感觉舒适柔软，富有弹性。不干也不腻，才是最佳的选择。

所以，眼部肌肤应使用专门的眼部修护产品来护理。眼部修护品不含油性物质，采用天然香料，绝无刺激。其中含维生素E 颗粒，植物萃取物及天然保湿胶，能消除导致皮肤衰老的自由基，活化肌肤的弹性组织，防止水分散失，使眼部肌肤变得较坚实，有轻微的紧绷感。

误区三：眼霜能根治鱼尾纹、眼袋和黑圈

在当今医学美容领域，暗疮、黑斑、皱纹的根治被称为三大难题。对于眼部皱纹、黑眼圈和眼袋来说，用眼霜相当于“亡羊补牢”，仅仅可以防止眼部加速老化，对眼袋、鱼尾纹、上眼睑下垂等状况有一定的改善作用。

眼部皱纹产生的原因一方面是表皮组织干燥（水分及脂质流失）变薄；另一方面是表皮组织之下的真皮层失去网状支撑力。随着胶原蛋白和弹力蛋白渐渐流失，网会变细变脆，甚至断裂，这样就出现了粗细不一的皱纹。指望用化妆品将断裂的纤维重新连接上，整平皱纹，目前还不大可能。

如果眼部皮肤进一步老化，皮肤与皮下组织脱离，皮下脂肪下移，就产生了眼袋和眼皮下垂；眼部皮肤极薄极娇嫩，极易因疲劳、睡眠不足、精神压力等原因造成营养及供血不足，就会产生黑眼圈。聪明的女人应该防患于未然，在没有皱纹、眼袋和黑眼圈时就使用眼霜。

误区四：眼霜只能用于眼尾处

面部最早出现的皱纹是眼角的三道鱼尾纹，所以人们常常用眼霜在眼角做与皱纹垂直的按摩。这无疑是对的。

但面部最早松弛老化的区域并非眼尾，而是眼睛下方，其次是上眼皮。所以最先出现黑眼圈和眼袋，再出现眼皮下垂。这个区域衰老没有鱼尾纹显眼，却更加脆弱，会因为细小的累积而突然出现很显眼的衰老的外观，一定要防微杜渐。正确的使用方法是顺内眼角、上眼皮、眼尾、下眼皮做环形轻轻按摩，让肌肤完全吸收。科学的提法叫眼部皮肤，而不只是眼尾。

误区五：用量越大越能延缓眼部皮肤衰老

眼部皮肤极薄，用得太多不但不能吸收，相反更会造成负担加速衰老。所以每次用绿豆大小的"两粒"即可。注意手的卫生，避免造成眼霜二次污染，尤其是指甲缝要干净；另外是不可抹到眼睑、睫毛或眼内，防止对眼睛造成刺激。

误区六：只在晚上睡觉前使用眼霜

眼霜的用法和面霜一样，应该早晚都用，更不可想起来用，想不起来不用。眼霜应该在彻底洁面后，先使用化妆水，然后再涂抹眼霜，最后使用面霜，应注意面霜不要再覆盖眼霜。

误区七：眼部护理品只有眼霜一种

有人知道了眼部护理品的重要性后，往往到化妆品柜台，挑一件质量、包装、价格满意的就走。

随着化妆品的细化专业化，当今眼护已是形形色色，针对不同眼部问题，不同年龄和个人情况而设计，分霜、胶、啫喱及精华液各种类型，和其他化妆品一样丰富。所以，要根据自己的眼部问题和季节环境等需要购买。

滋润眼霜：具有较强的保湿功能，尤适宜秋冬季节和在空调间工作的女性使用。

抗老化眼霜：具有抗皱及防晒功能。适合夏季和视屏工作者使用。

紧实眼霜：富含滋养成分，油性成分配比高于滋润眼霜，适于黑眼圈、皮肤衰老显著，极干性肤质的女性。

抗敏眼霜：适宜敏感性、问题性肤质的女性。

眼部面膜：有各种不同配方的眼膜，最好在美容院由有经验的美容师指导使用。眼部面膜不属于常规保养，故不可自己买回家频繁使用。

4.消斑大计，轻松“下斑”

只要看到镜子里那张漂亮的脸蛋，自信的指数就一路狂飙，可是再靠近一点，再仔细一点观察，你就会陷入烦恼中，信心也就这样DOWN了下来。因为，肌肤总是被斑点侵扰，让你离无暇总是有那么一段距离，让你苦闷啊。应对斑点，你应该如何出招？

(1)斑点的成因

为什么你的脸上会被斑点看上呢？看看以下这些斑点的形成原因吧，只有了解了原因，才能从根源抵制斑点的入侵。

①内部因素

压力：当人受到压力时，就会分泌肾上腺素，为对付压力而做准备。如果长期受到压力，人体新陈代谢的平衡就会遭到破坏，皮肤所需的营养供应趋于缓慢，色素母细胞就会变得很活跃。

荷尔蒙分泌失调：避孕药里所含的女性荷尔蒙雌激素，会刺激麦拉宁细胞的分泌而形成不均匀的斑点，因避孕药而形成的斑点，虽然在服药中断后会停止，但仍会在皮肤上停留很长一段时间。怀孕中因女性荷尔蒙雌激素的增加，从怀孕4～5个月开始会容易出现斑，这时候出现的斑在产后大部分会消失。可是，新陈代谢不正常、肌肤裸露在强烈的紫外线下、精神上受到压力等原因，都会使斑加深。有时新长出的斑，产后也不会消失，所以需要更加注意。

新陈代谢缓慢：肝的新陈代谢功能不正常或卵巢功能减退时也会出现斑。因为新陈代谢不顺畅、或内分泌失调身体处于敏感状态下，使色素问题加剧。便秘会形成斑，其实就是内分泌失调导致过敏体质而形成的。身体状态不正常的时候，紫外线的照射也会加速斑的形成。

②外部因素

紫外线：照射紫外线的时候，人体为了保护皮肤，会在基底层产生很多麦拉宁色素。经常裸露在强烈的阳光底下不仅促进皮肤的老化，还会引起黑斑、雀斑等色素沉着的皮肤疾患。

不良的清洁习惯：因强烈的清洁习惯使皮肤变得敏感，这样会自己刺激皮肤。当皮肤敏感时，人体为了保护皮肤，黑色素细胞会分泌很多麦拉宁色素，当色素过剩时就出现了斑、瑕疵等皮肤色素沉着的问题。

护肤品含金属成分多：有一些人长期使用含铅、汞等化学金属成分多或者是添加香料的护肤品，这些化学成分具有吸光的作用，很容易引起皮肤的黑色团。另外，一些人不知道这些产品很容易在高温下变质，外出经常把护肤品丢在车后排，使用变质的产品后皮肤会发痒，一见光就会长色斑。

遗传基因：父母中有长斑的，则本人长斑的概率就很高，这种情况在一定程度上就可判定是遗传基因的作用。所以家里特别是长辈有长斑的人，要注意避免引发斑重要因素之一的紫外线照射。这是预防斑必须注意的，还要多使用适合自己肤质的美白化妆品。

(2) 常见斑点的分类

①雀斑：99% 来自遗传，大约在 5～6 岁间形成，在蓝发的白种人相当常见，然而亚洲人也所在多有。发生的年龄在青春期前，阳光晒得到的部位产生大小约 1 至 2nm 的浅棕色斑点，其大小、数目及色素深度在夏季加重，在冬季转好。

②黄褐斑：又称蝴蝶斑、肝斑，呈现淡褐色，呈片状，斑片大小不等，边界清晰，形状不规则，不高出皮肤，常见于面部，对称于两颊，

主要原因跟内分泌、女性荷尔蒙失调有关。

③晒斑：顾名思义是晒太阳引起的，因此好发于四五十岁的中年人，但也有人较早在二三十岁就已长出。晒斑在临床上是境界分明的褐黑色斑点病灶，可由芝麻大至十元硬币大小。好发部位是脸部、手背、背部、胸前、上下肢，但以脸部病灶较大且较明显。

④老人斑：学名是脂漏性角化症，中年之后不只在晒太阳的部位（脸、手、小腿），甚至头皮、背上、胸腹部都可能产生，但是数目多寡与个人体质有关，一般说来，日晒量大的人有较容易产生。

⑤孕斑（妊娠斑）：在怀孕时出现，但在产后便会退去；由于黑斑形成的时间与怀孕时的年纪很接近，因此有些人会在孕斑出现的同时也出现黑斑，因此有些人会误以为怀孕生产后所产生的是孕斑。

⑥汞斑：有些人的皮肤产生了黑斑，而不懂如何保护，道听途说用了一些可以变白的产品，但这些产品没经过化验是否含有汞的成分，它虽然可以暂时美白，残留的汞及毒素却会使皮肤受到更大的伤害，甚至会伤害到肾脏。有些不良的厂商会将汞加在美白霜里面，短时间漂白效果会很明显，然而若长期使用，汞元素会沉淀在皮肤里，会反黑而且更黑，也就是俗称的汞斑。

⑦汗斑：汗斑是相当常见的疾病，尤其好发于夏天。在皮肤科门诊常有些病患以为由汗水所引起的所有皮疹，都叫汗斑，其实这是不正确的。汗斑的确较容易发生在汗水郁积处，像是脖颈、前胸、后背，但是它是特指由一种类酵母菌样的霉菌感染皮肤所造成的皮疹。典型的汗斑会以雨滴状的白色或咖啡色斑点来表现。流汗或遇热时患部会突然发红或发痒，为其特色。

⑧黑斑：皮肤较薄、较干的人会比较明显，可能是疏于保养、防晒工作做不完整，而使黑色素容易浮到皮肤的表层造成，为中年女性

最常见的美容问题（男性也会产生黑斑但很少见）。通常在两颊、额头、上唇部及下巴，产生一整片赭棕色的斑，因为颜色的关系又俗称肝斑。产生的原因和恶化的因素包括：怀孕、口服避孕药、某些药物（如抗癫痫药）及日晒。绝大多数的人一旦产生就很难自然消退。现在的调理方法，包括维生素 A 酸、杜鹃花酸、对苯二酚、果酸、左旋维生素 C 、曲酸等等，配合彻底的防晒措施，可以得到相当好的治疗效果。

⑨黑褐斑：不规则黑褐色的色素斑点发生在脸部、眼眶及口唇周围，常见于中年女性，褐斑颜色会在过劳或月经时转浓，也常在妇女怀孕 2 ~ 3 月时产生，又称妊娠性斑，它在分娩一～二月后，即会自然消失。

⑩血素斑：因血管病变造成，大多形成在颧骨附近，因体内的关系而形成，除了做好外在保养外、服用健康食品调整体质是绝对需要的。发炎后色素沉淀症，最常见是痤疮发炎后留下的色素沉淀，此外任何的外伤、皮肤炎、手术、点痣激光治疗等等，都会留下色素沉淀，肤色越深获日晒量越大的人，色素沉淀就越难褪；治疗黑斑的药膏及防晒措施会使病灶改善。

(3) 对策

①保持愉悦好心情

保持愉悦好心情，斑点的产生与内分泌和情绪有着重大关系。因此，单纯采用美白产品来改善黄褐斑效果不是很明显。想要彻底祛斑，最关键的是要让自己快乐起来，斑点才会尽快消失。

②注意去除老化角质

注意去除老化角质。由于黑斑产生于皮肤的基底层，所以有效的淡斑护肤品应该是作用于肌肤深层，并且能够有效地去除老化角质，从内到外淡斑。平日里可以先进行局部去角质，再进行美白护理。

③别忘加强保湿

别忘加强保湿。美白本身是一个净化的过程，它令黑色素从表皮细胞脱落后，皮肤表层的角质变干净。但是刚刚更新的角质也非常需要添加水分和营养的保护。充足的水分可以维持肌肤的新陈代谢，加速祛斑的过程。

④全年防晒不偷懒

全年防晒不偷懒。长有雀斑的皮肤很脆弱，每一次暴晒，即使皮肤表面没有明显变化，但在皮肤的底层都会留下受伤印记。黑斑的叠加会加剧雀斑，脸就更黑了。所以无论室内室外，一年四季都应该使用防晒产品。

⑤脸部按摩要适度

脸部按摩要适度。每天一次，用手掌或手指有韵律地沿着肌肤脉络进行适度按摩，每次不超过 5 分钟，动作要轻快温柔。过度的按摩有可能加速肌肤老化，更容易让色斑找到出头机会，不可不防。

⑥小秘方内调养

小秘方内调养。每天喝一杯西红柿汁或者胡萝卜汁。西红柿中含有非常丰富的维生素 C，被誉为“维生素 C 仓库”。长期用西红柿食补，可以抑制皮肤内酪氨酸酶的活性，有效减少黑色素的形成。而胡萝卜汁含有丰富的维生素 A 原。维生素 A 原在体内可转化为维生素 A 。它对淡化雀斑，防治皮肤粗糙有明显的作用。

⑦巧妙遮瑕隐于无形

祛斑是场持久战，一步到位不太可能。但是我们还是可以用遮瑕的办法，照样光鲜地出门。不要使用过白的遮瑕膏，选择比粉底颜色浅一号或二号的遮瑕产品最合适。用指腹蘸一点，涂在斑点上，以按压的方式让它与皮肤融合。注意一定是按压，而非横向涂抹，再用粉底与周围肌肤均匀过渡，色斑就隐于无形了。

5.敷面膜的十个致命伤

面膜是护肤必不可少的圣品，既方便又容易让肌肤吸收。然而使用不当也可能造成事倍功半的效果，那么敷面膜时应避免哪十个问题呢？

(1)我爱面膜，天天都要敷

面膜是护肤品中的大餐，虽然效果很好，但除非有特别要求，原则上不能天天用。有些面膜有明确标示的周期，比如5天一疗程，或是10天3片。若想达到最佳效果，应该严格遵守才好。

如果长期连续使用，每周1～2次就够了。不然再好的美食，吃多了也会觉得撑呀！当然，如果是特殊情况下救急，任何时候都可以使用。

每天使用清洁面膜会引起肌肤敏感，甚至红肿，令尚未成熟的角质失去抵御外来侵害的能力；滋润面膜每天使用则容易引起暗疮；补水面膜，则可以在干燥的季节里每天使用。

(2)边泡澡边做面膜

一边泡澡一边敷面膜实在是一个很省时的聪明做法，但要视你所选择的面膜而定。

推荐使用湿敷型的面膜，撕拉式与果冻式面膜都不推荐使用。因为水汽将导致面膜不容易与肌肤密合，如果是需要干透的面膜，水蒸气就会影响到面膜的效果。

除面膜之外，现在美容界流行的面部按摩霜也非常适合泡澡时使用，通过泡澡时的蒸汽，可以帮助软化角质。

(3) 不需要特别使用眼膜

眼部肌肤的厚度只有正常肌肤的1／4，所以它需要更加特别呵护。很多面膜，特别是清洁滋润类的，里面的成分对眼部薄弱的肌肤会造成刺激，应避开眼周使用。因此若想加强护理眼部的肌肤，眼膜的使用还是有必要的。特别是在眼周肌肤大量缺水、缺乏营养的情况下进行密集式保养，效果比较理想。

其实眼膜应该坚持使用，每周至少两次，并与眼霜配合，才能达到最佳的护眼效果。

(4) 用面具式面膜敷颈部

颈部肌肤最容易泄露年龄，可是在出席重要场合时，我们往往要穿一袭裸颈的礼服。所以在盛装前数日，必须开始做底妆前的颈部护理。

提前1周做一个保湿颈膜，让颈部肌肤喝足水分；在正式上妆前15分钟左右，再敷一遍颈膜，可以快速淡化色素沉着，均匀颈部肤色；接着将保湿型隔离霜涂于颈部，这样就可以上妆了。

(5) 绝对不能浪费面膜里的精华液

能有节约的意识是非常好的，但是要用对地方哦！敷面膜的时间“超支”，会导致肌肤失水、失养分。

所以除了遵照使用说明外，你可以根据不同的面膜做一个大概的使用时间估算：水分含量适中的，大约15分钟后就卸掉，以免面膜干后反从肌肤中吸收水分；水分含量高的，可以多用一会儿，但最多30分钟后就要卸掉。如果你实在舍不得里面的精华液的话，把它用来擦身体的其他部位也不错。

(6) 做面膜前一定要去角质

在做面膜前保持肌肤的清洁是很有必要的，但是未必每次都要去角质。

皮肤的角质层是皮肤天然的屏障，具有防止肌肤水分流失、中和酸碱度等作用，角质层的代谢周期为28天，即每28天角质层代谢一些枯死的细胞，因此去角质最多1个月做1次，过于频繁地去角质，会损伤角质层。此外，敏感型的肌肤更不用频繁去角质。

(7)千万不能使用撕拉式面膜

对于撕拉式面膜向来争议比较多，因为撕拉这一动作本身就会造成对肌肤的损伤，所以不太建议用此类面膜。当然，撕拉式面膜的长处是清洁力比较强，如果你的确钟情于这种面膜的话，那切记涂抹面膜时要避开眼周及眉毛，并且使用频率不能太高，通常一周一次足矣。

(8)我的爱好是DIY面膜

很多MM看到电视及杂志宣传自己DIY面膜，创意不错，但是实质上对我们皮肤帮助实在很有限，可能是在刚做完时感觉有一些效果，但第二天的肤质又回复到原来的样子。原因就是这些自制面膜成分很天然，但是并没有经过一些科学技术的处理，一般来说分子太大，不能被肌肤吸收，所以虽然有趣、省钱，但是没有效果，聪明的你要好好考虑一下哟！

(9)油性肌肤用清洁面膜既可

油性肤质的mm敷面膜是相当重要的，可以选择三种面膜：控油面膜、深层清洁面膜，保湿面膜。因为在干燥季节，皮肤一样会缺水出现又油又干的情形。使用程序可以在一星期中选一天做控油和保湿面膜，隔一星期做深层清洁和保湿面膜。

(10)面膜不要太厚

面膜需要敷厚厚的一层吗？是的！厚厚的面膜敷在脸部时，肌肤温度上升，促进血液循环，会使渗入的养分在细胞间更好地扩散开来。肌肤表面那些无法蒸发的水分则会留存在表皮层，让皮肤光滑紧绷。温热效果还会使角质软化，毛细孔扩张，让堆积在里面的污垢乘机排出。

6.漂亮眼睛的七大敌人

女人美丽的容颜是脆弱的，脆弱中最脆弱的部位是眼部皮肤。眼睛周围皮肤比较薄，问题也最多，眼袋、鱼尾纹、黑眼圈都发生在这个部位。最有经验的美容师第一眼就是看顾客的眼睛，根据她眼部的皮肤确定适用的妆容，因此可以说是眼部皮肤会泄露你年龄的秘密。

1 号敌人：酒精

酒精是漂亮眼睛的头号敌人。为什么喝了酒的人会面色通红、体温上升？那是因为酒精会促进血液循环，使毛细血管膨胀。眼睛周围的肌肤幼嫩，血管非常细小，如果饮酒过度，毛细血管很容易破裂，形成斑点。

招数：对于酒类躲得越远越好。如果实在躲不过，不得已而喝了酒，一定要多饮些水来抵消它对皮肤的不良影响。

2 号敌人：烟草

烟草一口，燃烧起来，绝对是一个不可忽视的敌人。近来的科学研究更加明确指出，它可导致眼睛周围的皱纹产生。即使自己不吸烟，也不应放松警惕。“二手烟”同样会摧残你的身心和容貌。

招数：扪心自问一下，你和你的“烟民”朋友们聚会时，是否真的常快乐？是否真的可以丝毫不介意皱纹渐渐爬上眼角，如果你没有这么释然，那还是和他们保持一定的距离吧！

3 号敌人：干燥

干燥会使眼睛变得没有神采，觉得似乎你总是特别沮丧。

招数：消灭这个敌人最最好的办法就是不断地给眼睛补水。几乎每一位美容师以及护眼专家都建议使用润湿液，它适合你，不论你是否戴隐形眼镜，戴的是哪种隐形眼镜。

4 号敌人：过度日晒

过多的紫外线照射会导致眼周皱纹、白内障和其他眼部疾病的产生。

招数：在户外活动时，戴上太阳镜或防紫外线眼镜，能很好地保护你的眼睛。

5 号敌人：化妆品

您日常所用的许多化妆品在生产或使用的过程中或多或少地会受到些污染。据眼科专家介绍，有 4 种眼病居高不下，并且都与化妆品对眼睛的刺激有关，故被称为“化妆性眼病”。

①角膜真菌病

国外一些学者通过抽样调查证实，睫毛笔中常发现有茄病镰刀菌污染。一支新的睫毛笔在使用前，其污染率仅占 1.5%左右，而在使用过程中就会使其污染率急剧上升到 60%左右。这种茄病镰刀菌极易引起人们的角膜真菌病，严重污染者可导致双目失明。

②角膜灼伤

冷烫精是用于烫发的一种碱性极强的化妆品成分。在使用中，若稍有疏忽将冷烫精溅入眼睛中，轻则灼伤角膜，严重时会发生眼球萎缩、角膜混浊，甚至诱发白内障等眼科疾病。

③结膜炎

使用化妆品时稍不留神，就会让粉尘颗粒落入眼内，这样就有可能使眼睛发炎、红肿、疼痛、畏光流泪，而且还极有可能发生过敏性结膜炎。

④结膜染色

对一些有颜色的化妆品，例如胭脂、口红、眉笔、香水等在使用时，千万不可粗心大意，务必不能让这些化妆品进入眼内，否则很有可能将自己本来很好的结膜染成黄色或有色素沉着。

当你打开一支新的睫毛膏、眼线笔或眼影粉的那一刹那，细菌就开始侵入了。你用过这些化妆品后，再放回容器里去的时候，更多的细菌就被收集起来了。如此反复，细菌会越聚越多，它们一旦进入你的眼睛，会引起眼部感染或更糟的后果。

招数：最多6 个月就应更换一次化妆品，而睫毛膏则最好3 个月更换一次。

6 号敌人：错误节食

错误节食也是对眼睛造成威胁的敌人之一。研究指出：新鲜的蔬菜和水果中富含的维生素E、维生素C、胡萝卜素和锌等可以预防某些眼部疾病和皱纹的产生等。

招数：如果你节食，减少脂肪和淀粉的摄取是正确的，但同时一定要增加蔬菜和水果的摄入。

7 号敌人：睡眠不足

如果你经常工作到深夜两三点，早晨8 点又要赶去上班，那么，睡眠不足似乎就要将你击垮。

招数：要打败这个敌人，一定要抓住每个机会。在班车上、在午休时、等着理发时，只要一有空就眯一下。这样才能常保清爽健康的双眸，摆脱眼袋、黑眼圈和皱纹。另外要尽量避免摄入咖啡因，它会干扰你的睡眠规律。

7. 环佩叮当，恰到好处

这天对王曼来说绝对是个好日子。她穿着素雅纯洁的白色婚纱，袅袅走向她的白马王子，而他轻轻地把手中镶有钻石的白金戒指戴在她纤细白皙的手指上。白金戒指在她好看的手指上光芒四射，更加上脖子里明灿灿的铂金项链，映着她绯红的脸蛋，这让她显得更加妩媚动人。白马王子伏在她的身边轻轻说："你是世界上最美丽的新娘。"

其实，不仅仅是在婚礼上，平时恰到好处的一点配饰，往往会使你立马凸现出与众不同的情调韵味来。俗话说，女性离不开首饰，在长期以来的首饰潮流中，许多女性在选择首饰时进入了一种误区，她们往往以首饰作为一种身价的象征，而忽略了首饰与自己个性相融的首要功效，因此产生了许多令人啼笑皆非的笑话。

其实，小小的一件配饰里有很大的学问呢。

有一句话说首饰是女性一生的朋友，经过岁月的洗礼，困苦的打磨，在黑暗中熠熠发光的是陪伴女性左右的首饰。如同夏夜里的旅人。频频回望夜空里的那颗星，就闪烁在你颈间、耳畔，低诉不变的誓言，整夜整夜。多少次你从梦中醒来，摸一摸你的首饰，就会放心，往事还在。

首饰用线条、色彩、造型来说话，设计师的文化底蕴非常含蓄地表达出来，那是一种诗化的语言。

在珠宝的领域里，东方人与西方人的偏好其实大有不同。东方人偏爱翡翠，而西方人则比较偏爱钻石。时尚潮流促使许多年轻人开始佩戴珠宝。抓住年轻族群的青睐，呈现设计者独特的巧思，成为新一代珠宝设计师们竞争的关键。在这个追求精致生活的时代里，物质更应具有人文气息。

(1)钻石光芒

我猜想，没有一个女性能抗拒钻石的魅力，它的坚不可摧、高傲的名贵成为你无法忽略的亮点。钻石原是深藏在地下的炭质，经过亿万年蕴藏而成。珍贵的钻石有纯白无瑕的完美特质，那些具有蓝、绿、红、金及粉红等色泽的皆属罕有，价值不菲。

一颗优质美钻，除了本身优良的素质外，车工极为重要，精湛的工艺能让小小的钻石充分发挥其折光率，尽吐光芒。

(2)千足纯金

以往，黄金饰品留给人们的印象大多是款式比较陈旧，而且单一，适合中老年妇女和男性商贾佩戴。近几年，随着周大福、谢瑞麟等著名品牌的加入，黄金市场开始沿着精致、名贵、个性的路线发展。购买黄金饰品不仅为了保值，它的装饰功能更日益强化。

首饰与休闲生活的结合将取代那种在正式场合才需佩戴首饰的观念，金手链、金耳环与自然清爽的休闲服的搭配，使着装风格发生了重要改观，一种错位的美释放出来。

(3)珍珠

珍珠是一种最早为人所知而又无须雕琢的宝石之一，在海洋中天然生长的珍珠产量极少，而淡水中生长的是淡水珍珠。

天然珍珠形成的原因是当蚌在海床进食时，受到外来沙粒或微生物冲入，不能吐出，蚌的本身为防止外来物造成障碍，因而分泌出一种珍珠质，将外来物层层包裹，使其圆滑，这便形成了光亮润泽的珍珠外层。养殖珍珠就是根据此原理，运用插核技术将圆形珠核植入蚌内，待2～3年后才能收成。

据专家介绍，目前产量多质量好的地区，养珠是日本，南洋珠是澳洲，淡水珠则是中国、美国及澳洲。

选购珍珠应着重看其光泽，其次才是颜色、形状、净度。

珍珠代表一种古典、润泽之美，颇具中国风味，与阴柔细腻的东方女性相配，传达出鲜活灵动的少妇韵致。

(4)晶莹翡翠

翡翠尤其受到中国人的钟爱，被认为带有灵气，能避邪、护身和镇宅，更可作为保值及收藏鉴赏之用。翡翠给人富贵脱俗的感觉。

作为硬玉，其成分为钠和铝的矽酸盐，是辉石类矿物。自清朝时由缅甸输入，中国历来所产的只有软玉。

购买翡翠，最要紧的是看其“色”与“种”及瑕疵有多少，其次是琢工。颜色上些微的分别在价钱上可以有很大的距离。

专家提醒，现今经漂染过的玉石即“B 玉”和“C 玉”充斥市场，顾客往往以高价购买到物非所值的货品。这是应引起注意的。

古香古色的翡翠，最配中国的旗袍，静态的服装上面，流动着翡翠掩饰不住的华彩，仿佛山谷中一条清澈的小溪，掩映在山体下，仍在欢歌。

翡翠首饰的造型大多有浓重的民族风味。“保守”在此处造就了美感。朴拙更容易说明年代久远，历久弥香。

(5)红宝石

娇艳、热烈的红宝石被世人赋予多种含义，爱情、权力、地位、尊贵，这一切都与红宝石结缘。最著名的产地位于缅甸的摩谷地区，以鸽血红色最为世人所追求。

作为氧化铝的矿物结晶，它的硬度达 9 度，仅次于钻石。10 克拉以上的优质红宝就更为罕有，价值连城。此外，泰国也出产净度颇高的红宝，一般带暗红色泽。斯里兰卡和缅甸也出产活泼动人的红宝星石，它灵活的星光效应非一般人造星石所能模拟。

(6)蓝宝石

印象中人们形容西方美女的眼睛，常常会提到蓝宝石，那动人的光彩引人遐思。

蓝色，大海与天空的颜色，蕴含神秘、忧郁的意象，泛着淡淡的幽香。蓝色是人生命中不可或缺的色彩，它的宁谧和深远使得人生具有历史感。

蓝宝石因此带有与生俱来的神秘感，佩戴它你也变得雍容大气，睿智不凡。

同属于刚玉类的蓝宝石，"矢车菊蓝"是它的极品，次一级的蓝色则被称为"皇家蓝色"，为优质的缅甸和斯里兰卡蓝宝所拥有。

(7)众绿宝石

镶嵌绿宝石的多为黄金，那种金黄与翠绿的搭配让人感到勃勃的生机，绿意盎然。绿宝石代表永生及信义的意思，也象征大自然的美好和丰收。人们相信，它能带给情侣们忠贞不渝的力量。

绿宝石是绿柱石的一种，又名"祖母绿"或"吕宋玉"，打眼仂绿色使其在众多宝石中脱颖而出。其中以哥伦比亚出产的祖母绿最负盛名，能散发出一种特有的柔和而温暖的感觉。

如果说蓝宝石是沉静似水的女士，绿宝石就是活泼的少女，瑰丽中透着崭新的生命气息。

第三章　插上事业的翅膀飞翔
——女人的职业资本

自古以来女人都非常注重感情生活，她们总是以为，好的职业与名誉地位永远都比不上一段美满的婚姻，这其实是女人的一大弱点。当今社会，女性融入了各行各业的职场中，全面走向职业舞台。女人只有拥有了真正属于自己的事业，才不至于和社会脱节。

1. 十步，清晰你的职业规划

第一步：确定职业目标——价值观和人生定位

自我的人生价值和角色定位、人生主要目标的设定等等，简单地说就是：你准备做一个什么样的人，你的人生准备达成哪些目标。

这些看似与具体压力无关的东西其实对我们的影响却总是十分巨大，对很多压力的反思最后往往都要归结到这个方面。

卡耐基说：“我非常相信，这是获得心理平静的最大秘密之一——要有正确的价值观念。而我也相信，只要我们能定出一种个人的标准来——就是和我们的生活比起来，什么样的事情才值得的标准，我们的忧虑有50%可以立刻消除。”

第二步：心态调整——以积极乐观的心态拥抱压力

法国作家雨果曾说过：“思想可以使天堂变成地狱，也可以使地狱变成天堂。”

我们要认识到危机即是转机，遇到困难，产生压力，一方面可能是自己的能力不足，因此整个问题处理过程，就成为增强自己能力、发展成长重要的机会；另外也可能是环境或他人的因素，则可以理性沟通解决，如果无法解决，也可宽恕一切，尽量以正向乐观的态度去面对每一件事。

如同有人研究所谓乐观系数，也就是说一个人常保持正向乐观的心，处理问题时，他就会比一般人多出20%的机会得到满意的结果。因此正向乐观的态度不仅会平息由压力而带来的紊乱情绪，也较能使问题导向正面的结果。

第三步：理性反思——自我反省和压力日记

对于一个积极进取的人而言，面对压力时可以自问，“如果没做成又如何？”这样的想法并非找借口，而是一种有效疏解压力的方式。但如果本身个性较容易趋向于逃避，则应该要求自己以较积极的态度面对压力，告诉自己，适度的压力能够帮助自我成长。同时，记压力日记也是一种简单有效的理性反思方法。它可以帮助你确定是什么刺激引起了压力，通过检查你的日记，你可以发现你是怎么应对压力的。

第四步：建立平衡——留出休整的空间，不要把工作上的压力带回家

我们要主动管理自己的情绪，注重业余生活，不要把工作上的压力带回家。留出休整的空间：与他人共享时光，交谈、倾诉、阅读、冥想、听音乐、处理家务、参与体力劳动都是获得内心安宁的绝好方式，选择适宜的运动，锻炼忍耐力、灵敏度或体力……持之以恒地交替应用你喜爱的方式并建立理性的习惯，逐渐体会它对你身心的裨益。

第五步：时间管理——不要让你的安排左右你，你要自己安排你的事

工作压力的产生往往与时间的紧张感相生相伴，总是觉得很多事情十分紧迫，时间不够用。解决这种紧迫感的有效方法是时间管理，关键是不要让你的安排左右你，你要自己安排你的事。

在进行时间安排时，应权衡各种事情的优先顺序，要学会“弹钢琴”。对工作要有前瞻能力，把重要但不一定紧急的事放到首位，防患于未然，如果总是在忙于救火，那将使我们的工作永远处于被动之中。

第六步：加强沟通——不要试图一个人就把所有压力承担下来

平时要积极改善人际关系，特别是要加强与上级、同事及下属的沟通，要随时切记，压力过大时要寻求主管的协助，不要试图一个人就把所有压力承担下来。

同时在压力到来时，还可采取主动寻求心理援助，如与家人朋友倾诉交流、进行心理咨询等方式来积极应对。

第七步：提升能力——疏解压力最直接有效的方法是设法提升自身的能力

既然压力的来源是自身对事物的不熟悉、不确定感，或是对于目标的达成感到力不从心所致，那么，疏解压力最直接有效的方法，便是去了解、掌握状况，并且设法提升自身的能力。

通过自学、参加培训等途径，一旦"会了""熟了""清楚了"，压力自然就会减低、消除，可见压力并不是一件可怕的事。逃避之所以不能疏解压力，则是因为本身的能力并未提升，使得既有的压力依旧存在，强度也未减弱。

第八步：活在今天——集中你所有的智慧、热忱，把今天的工作做得尽善尽美

压力，其实都有一个相同的特质，就是突出表现在对明天和将来的焦虑和担心。而要应对压力，我们首要做的事情不是去观望遥远的将来，而是去做手边的清晰之事，因为为明日做好准备的最佳办法就是集中你所有的智慧、热忱，把今天的工作做得尽善尽美。

第九步：生理调节——保持健康，学会放松

另外一个管理压力的方法集中在控制一些生理变化，如：逐步肌肉放松、深呼吸、加强锻炼、充足完整的睡眠、保持健康和营养。通过保持你的健康，你可以增加精力和耐力，帮助你与压力引起的疲劳斗争。

第十步：日常减压

以下是帮助你在日常生活中减轻压力的10种具体方法，简单方便，经常运用可以起到很好的效果。

①早睡早起。在你的家人醒来前一小时起床，做好一天的准备工作。

②同你的家人和同事共同分享工作的快乐。

③一天中要多休息，从而使头脑清醒，呼吸通畅。

④利用空闲时间锻炼身体。

⑤不要急切地、过多地表现自己。

⑥提醒自己任何事不可能都是尽善尽美的。

⑦学会说“不”。

⑧生活中的顾虑不要太多。

⑨听音乐放松自己。

⑩培养豁达的心胸。

2. 做老板眼中的“千里马”

刘琳是一所名牌大学的毕业生，举止间难免流露出一股优越感，说话办事时有点傲气。到目前为止，她已炒了五位老板了，她最多半年就会换一个老板，理由是与老板合不来。她看着自己以前的并不是很优秀的同学都在公司里混到了经理职位，可自己总是从头做起，心里不免着急。

年轻的女性有很多优势，尤其是学历高的女性，你们要想争取到老板的帮助、培养和重用，必须要自强不息，要以你自己的才能和人格赢得老板赏识。那么如何处理好与老板的关系呢？

(1)精明能干得器重

老板一般都很赏识聪明、机灵、有头脑、有创造性的女性，这样的人往往能出色地完成任务。有能力做好自己的工作是使老板满意的前提。若你被人认为是既愚蠢又懒惰的女性，那你就做好要么回家做全职太太，要么先“炒”老板的准备吧。

(2)适时向老板请教

谦逊是中华民族自古以来所推崇的一种美德，更是一个女性的修养。在当今的社会生活中，我们虽然不提倡在任何问题上都保持一团和气的谦逊态度。但在与老板的相处中，谦逊还是相当重要的。

谦逊意味着你是个自知之明的女性，懂得尊重老板，有向老板请教学习的意向：意味着“此女可教”。谦逊可让你得到更多人的支持，帮助你更好地完成大业。

(3) 关键时刻，大显身手

俗话说，疾风知劲草，烈火炼真金。在关键时刻，女性要亮出自己的高招，老板才会真切地认识与了解你。人生机会难求，此时不亮更待何时？

当某项工作陷入困境之时，作为女性你如果能大显身手，定会让老板格外赏识；当老板感情或生活上出现矛盾时，作为女性你若能妙语劝慰，也会令老板十分感激。此时，你不要变成一块木头，呆头呆脑，冷漠无能，畏首畏尾，胆怯懦弱。若那样的话，老板便会认为你是一个无知无识、无情无能的平庸女性。

(4) 要让老板信任你

有人说女性是谎言专家，但是在老板面前，千万不要编瞎话，谎报军情。弄虚作假的女性，一般会失信于人。老板若觉得自己被欺骗，将十分恼火。由于你把他当成傻瓜、笨蛋、糊涂虫；当成不可讲真话的人，不信任他。因此，这在极大程度上伤了老板的自尊心。在老板面前说谎的女性是世界上最愚蠢的女性，并且通过欺骗老板而暂时得到的好感和名誉，是不可能长久地持续下去的。

但是，女性还要懂得诚实有诚实的艺术，一般要考虑时机、场合、老板的心情、客观环境等因素，否则，诚实也会犯错误，招致老板的反感和不满。

(5) 不与老板争“名利”

有些人好强，爱与老板争名利。若“利益”是你“争”来的，老板虽作了让步，但并不愉快，心理上会认为你是个“格调”较低的并且愚蠢至极的女性。

若你的老板是个女性，与她争利益得失，那你就等着过“好”日子吧。你会赔了夫人又折兵的，到时候，哭都来不及了。

最佳的办法是让老板主动地给，而不是你去“争”。以下方法供你借鉴。

①像男人一样大干一场，把你的工作做得漂亮一些，尽最大能力满足他的要求，并且有些特色，有所创造。精明的老板会量力而行，用物质利益奖励你的，无须你“争”。

②你若陈诉困难最好把握时机，争取老板的同情。

③聪明的女性会真诚地赞扬老板是一个关心员工，体恤人情，秉公办事的好老板。

④老板办不到的事情不要去争，感到为难的事情还是不争为好。

⑤当进行个别的合作项目时，“先小人后君子”。对双方都有利。你也可通过中间人周旋，或从其他角度委婉地提醒老板。

(6)与老板交谈时，学会韬光养晦

君子藏器于身，待时而动。女性更应如此，作为女性你的学识需要得到老板的赏识，而在老板面前故意显示自己，则不免有做作之嫌。

老板会因此而认为你是一个自大的女人，只不过是徒有其表，而囊中空空，恃才傲慢，盛气凌人，在其心理上觉得你是个难以相处的苛刻的女性，彼此间缺乏一种默契。与老板相交，要遵循以下原则：

你应寻找自然、活泼的话题，使他充分地发表意见，你要适当地作些补充，提一点问题。这样，他便知道你是有知识、有见解的，自然而然地认识了你的能力和价值。

如果你是个对专业知识精通的人，你要注意千万不要用老板不懂的技术性较强的术语与老板交谈。这样，他会觉得你是在卖弄，会觉得你是个浅薄的女人；也会认为你的才干对他的职务将构成威胁，并产生戒备，而有意压制你；还会把你看成书呆子，缺乏实际经验而不信任你。

(7)尊重老板的意见

作为女性你要清楚老板需要尊重。当你提建议时，多注意从正面有理有据地阐述你的见解。有民主要求，也要有民主素质，要懂得尊重他人意见，尊重老板意见。这样，老板才会承认你的才干。

对老板个人的工作提建议时，尽可能谨慎一些，如果你是个细腻的女性，你不妨仔细研究老板的特点，探究他喜欢用什么方式接受员工的意见。大大咧咧的老板可用玩笑建议法，严肃的老板可用书面建议法，自尊心强的老板也可用个别建议法，喜欢赞扬别人的老板用建议、褒奖两者折中法等等。

(8)体会老板处境，理解老板难处

换位思考对女性来说，还是比较容易的。角色换位法，有利于体会老板的处境。有些人单独工作干得很好，做了老板却一筹莫展，尤其苦于处理各种横竖关系。

作为女性，你有更多的优势可以帮助他，所以你要主动地帮助他分忧解难。在老板犹豫不决、举棋不定时，主动表示理解和同情，而且诚恳地做出自己的努力，减轻老板的负担，会使他极为高兴的。试问有哪个老板不喜欢能理解人又有能力的女职员呢？

(9)顾及老板面子

女性都知道老板要面子，批评老板时，一定要照顾其面子，不要令老板下不了台。当面顶撞是最愚蠢的。进谏的方式有很多，比如动情法、比喻法、规劝与褒奖折中法等等。

(10)主动找机会与老板交往

老板需要接近了解你，你也需要接近了解老板，这是正常的人际交往，不必担心别人的议论而躲避老板。你若希望老板喜欢你，看得起你，就首先要让老板看得见你。

(11)慎重对待老板的失误

每个人都会有失误，作为女性要原谅这一点。老板在工作中有了失误的地方，千万不要持幸灾乐祸或冷眼旁观的态度，这会使他极为寒心。你能担责任就担责任，不能担责任你可帮他分析原因，为他开脱。此外，还要帮他总结教训，多加劝慰。

你若持指责、嘲讽的态度更易把关系搞僵，矛盾激化。那样，你就再不要指望老板赏识你了。

(12)不要在背后议论老板的长短

“三个女人一台戏”，女人在一块就是一个说不完的话匣子，但说天道地，不可说老板。要知“隔墙有耳”，打小报告的人正在寻找材料好去告密，你的议论给他正好提供了上好的材料。倘若把你的话添枝加叶，传到老板的耳朵里，你辛勤工作的成绩，会因几句牢骚话而抵消掉。

(13)欣赏老板

赞扬是一块糖，能甜到老板心里。赞扬不等于奉承，欣赏也不等于谄媚。赞扬与欣赏老板的某个特长，意味着肯定这个特长。只要是优点、是长处，对集体有利，你就要毫无顾忌地表示你的赞美之情。

老板也是人，也需要从别人的评价中，了解自己在别人心目中的地位。

当受到称赞时，假若你又是个漂亮能干的女人，那么老板的自尊心会得到更大的满足，而且对你产生好感。如果得知你在背后称赞自己，还倾向于加倍喜欢你。你喜欢老板，老板也自然喜欢你。

(14)多了解老板

不管是谁，都会喜欢听一些话，而讨厌听另一些话，喜欢听的就容易听进去，心理上会觉得舒服。你的老板也不可能摆脱这种情绪。你要掌握老板的特点，倘若在汇报中插入一些老板平素不喜欢使用的词，就会让他另眼相看。

还有，对老板的工作习惯、业余爱好等都要有所了解。若你的老板是一个体育爱好者，你就不应在他的球队比赛失利后，去请示一个需要解决的问题。一个精明老练的有见识的员工是能预知老板的愿望与心情的。

(15)把功劳让给老板

人们在讲自己的成绩时，一般会先说一段套话：成绩的取得，是老板和同事们帮助的结果。这种套话虽然乏味得很，却有很大的妙用，它会让你成为一个受人欢迎的女性。

好的东西，任何人都喜欢；越是好吃的东西，越是舍不得给别人，这是人之常情。但是你若是个有远大的抱负的女性，就不要斤斤计较，而应大大方方地把功劳让给你身边的人，特别是让给你的老板。这样做，你感到喜悦，老板脸上也光彩，以后，老板少不了再给你更多的建功立业的机会。否则，若你只会打眼前的算盘，急功近利，则会得罪身边的同事，将来一定会吃亏。

(16)不可张扬你对老板的善事

女人没事时爱同人侃大山，但是记住对老板让功一事绝不可到处宣传，若你不能做到这一点，倒不如不让功的好。对于让功的事，让功者本人是不应该宣传的，自我宣传总有些邀功请赏、不尊重老板的味道，千万要不得。

宣传你让功的事，只能由老板来宣传。虽然这样做有点埋没了你的才华，可你的老板会设法还给你这笔人情债，给你一份奖励。做善事就要做到底，不要让人觉得你是个虚伪的女人。

3.让职场压力逃之夭夭

张依在一个公司里做了三年的文职工作，工资不算太高还算稳定。可是，最近公司裁员，张依被迫离开了公司。她已经习惯了从前的生活，面对这突来的事件，很迷茫，不知该怎么办。

女性都倾向于一种安定的生活，特别是在她早已习惯了这样。当平静的生活突然被打破，许多女性会茫然不知所措。

在女性几十年的职业生涯中，也总希望能一帆风顺，功成名就。然而，对女性来讲职业生涯道路并不平坦，竞争的困惑、坎坷和挫折几乎不可避免。一旦发生危机，就会导致你整个生涯失衡，影响你的发展和进步。所以作为女性你必须学习和掌握应付危机的方法。

(1)冷静应战

危机的发生，有的是自身原因，也有的是外界原因，还有的是内外因混合作用的。

当你处于两军对抗的不利地位时，如果不能把握自己，必然导致溃不成军，乃至全军覆没。如能稳定阵脚，保存实力，还有许多转败为胜的契机。女性，你千万要记住在危机面前，消极等待绝没有出路。冷静应战才有扭转颓势的可能。

以下是冷静应战的三点原则。

①知己知彼

作为女性，首先一定要知道：危机产生的外部原因是什么；目前已经达到了什么程度；将能达到什么程度；最终将对个人产生怎样的后果；与危机有联系的外部环境有什么反映；有无推动或抑制的外部力量等。

女性要了解这些，就要先冷静地观察现状，设法把问题的焦点找出来，经过一番整理之后，任何复杂的情况都可以理出个头绪来。

②冷静地分析自己

有时候，女性不能冷静处理事情，重要的是要找出自己陷入危机的个人原因是什么；给自己目前处境造成的影响有多大；最终将导致什么结果；自己有无克服危机的能力和条件等。

③订一套应变策略

很多女性不喜欢变化，不适应变化。所以就有必要订一套应变策略。在了解危机的内情之后，就很容易订出一套应付危机的策略了。应变的策略是在分析危机形势的基础上，制定出来的完整的行动纲领和方式步骤。形势不同，策略也不同。

(2) 迎难而上

女性要想在职场上争得一席之位，就必须知难而进，迎难而上，不回避矛盾，在竞争中扭转局势。这是一种积极主动的以攻为守策略，前提必须是危机产生的原因和影响不在于自己一方，而在于对立的一方。从眼前看，虽然自己处于劣势地位，但能寻到对方的弱点，果断地迎头反击，很快就能变劣势为优势，掌握主动权。

(3) 以退为守等待机会

女性要想出人头地，就要掌握以退为守的智慧。在强势面前、以退为守，保存实力，待机反击。陷入危机，莽撞出击不但不能取胜，反而会遭到更大的打击，丧失东山再起的资本和机会。

这种情况下，就要有甘愿受辱的韧性，避免与对手直接交锋，采取明哲保身的战术。跌倒了并不可怕，关键是要积蓄力量，重新爬起来。在危机已不可挽回时，女性要学习男人的大度，不去计较一时一地的失利，让自己躺在那里作一时半响喘息，恢复一下元气，应该说是较佳的选择。

(4) 斡旋中寻找机会

发现危机后，立即想办法消除它，尤其在危机并不严重的情况下，这样更容易消除危机。如老板不信任自己，但也不想辞退自己时，可以采用不即不离、不冷不热的态度，与之周旋以保持现状，打持久战，等待和寻找机会改变局面。

聪慧的女人知道，斡旋的余地，就是生存的空间。在这个空间里，定能得到锻炼和考验。既不进攻，又不退却，实质是又进攻又退却，进攻中有退却，退却中有进攻。进是为维护自己的利益；退是为了防止更大的伤害。在斡旋中求生存，积累力量，寻找机会，是女性走出危机的前奏。

女性远远不像男人那样对竞争几乎有一种渴望，但是这个社会到处都是竞争，但是当不竞争不足以摆脱困境的时候，女性要懂得应战是成功的秘诀。冷静应战的表现，就是有理、有力、有节。全面分析把握事物的性质，从中找出有利于自己的部分，看看属于自己的这些理由，是否能站得住脚，是否能辩倒对方。

据理雄辩，才能使对方只有招架之功，没有还手之力。即使不能完全走出困境，也可以减轻危机带来的痛苦，还会使自己得到锻炼，并赢得社会声誉。当然，这种行动需要勇气和理智，这是对人格、才智、气魄的考验。如果没有理，却硬要辩出三分理来，就叫胡搅蛮缠，只能越搞越糟。只有抓住理，才能把握住转败为胜的契机。

反击要有力量，不击则已，击便使其倒地，至少要打个趔趄。

女性在困难面前也许更容易退缩，当你想退缩时，一定要坚信天无绝人之路，只要沉住气，机会总是有的。即使处境再糟糕，只要一息尚存，就有起死回生的可能。因此，切不可绝望泄气。

要知道，胜利者并不是推不到的长城，他也有这样那样的缺点和弱点，人在得意的时候，也是疏于防范的时候。能在其忘形的时候，使出全身的力气，对准弱点猛烈一击，往往能收到攻其不备、出其不意的奇效。如果对方的弱点很少，或者击其弱点也不足以使其跌倒，最好不要轻举妄动，以免捉蛇不着，被蛇咬了。

在冷静应战的过程中，采用什么方法和步骤，想达到什么目的，必须心里有数，该行则行，该止则止，行动起来才不致手忙脚乱，影响反击的效果。

(5)反省自己，改正缺点

完美的女性不是不犯错误的女性，而是能够不断改正错误、使自己日趋完善的女性。危机的发生，内在因素是主要的。别人能把自己打倒，但只是暂时的；长期打倒自己的只能是自己。女性在陷于危机时，不要仅仅分析导致危机的外在原因，更要好好反省主观方面的原因。如果不能吸取失败的教训，即使能够走出困境，以后也难免重蹈覆辙。

能够纠正缺点的女性是有勇气有智慧的女性。

①自我盘点

女性要冷静地对自己的思想言行作一番清理，像清查账目一样，虚实盈亏、来龙去脉、优点缺点都能逐条列出一份清单，写在纸上，一目了然，以便总结经验教训，找出解决危机的方案，顺利地渡过难关。

②亡羊补牢不为晚

亡羊补牢也是一种智慧。在受到损失之后，想办法补救，免得以后再受损失。经过自我盘点，你应该对你的优缺点有一个清楚的认识，也能够找出发生危机的具体原因。发现问题不是目的，目的是解决问题，也就是要做好亡羊补牢的工作。无论是主观原因，还是客观原因，危机对自己的前途都是不利的，也是人生中的挫折。这时，抱怨外界和悔恨自己都是无益的。

也许女人普遍擅长抱怨，这跟她们的性格有关。但是你必须清楚抱怨无助于危机的解决。有益的努力，就是要认真地反省过失，吸取失败的教训，把痛苦的教训当作改正缺点的契机。对于自身主观原因造成的危机，要有决心和勇气改变。要争取摆脱或改善不利环境，以免招致更大的灾难。

③重新定位自己

危机降临，女性的生活彻底失去了平静。职业生活是女性职业生涯的基础，职业生活的变故，必然影响女性整个生涯面貌。在遭遇危机以后，你是否还能对原来的职业生活充满信心呢？对此，一定要具体情况具体分析。

一般而言，危机会影响职业生涯的正常运转，也可能由此而改变你整个生涯轨迹。但是，在挫折面前，你不能不认真地重新审视主客观条件，给自己一个全新的定位，要对生活充满新的希望。过去不可追，未来尚可为。

任何情况下都不能放弃对未来的信心。从大处着眼，根据具体情况作判断。不要指望生涯一马平川，无风无浪。要充分认识到，生涯就是挑战，有鲜花，也有荆棘；有坦途，也有险滩。生涯是变幻莫测的，但命运掌握在你自己手里。人非圣贤，孰能无过？在生涯的道路上，谁都会有马失前蹄的时候，如能积极地吸取教训，修正错误，就不失为聪明人的做法，也就能有利于竞争。

(6)作最坏打算

其实，作为女性，只要你选择了职业，就有可能会遇到各种危机。危机有轻重之分。轻者，经过努力可以转危为安，无碍你的前途；重者，虽百般努力仍难以摆脱困境。但是，任何一种危机都有一定的危害性，估计不足，掉以轻心，你就可能承受不住现实的严酷打击。因此，在危机来临时，作最坏的打算，就等于筑起一道心理防线，有助于你克服轻率莽撞的心理。

女性承受打击的能力一般没有男人强，在突然打击面前，很多女性难免会悲观或失去信心，事实上，与其这样胡思乱想，还不如干脆承认这是最坏的情况，结果反而会轻松得多。因为只要一想现在情况是最糟糕的，以后再也不会比这更糟糕了，那么，心理上就会安定下来。这种心理变化乃是促使事态好转的原动力，能使你恢复自信，排除困难。

作最坏的打算，不是一味地退缩忍耐，束手无策，而是通过认清形势，增加心理承受能力，作破釜沉舟式的抗争。海顿教诲学生时说："不得意时，只要把头抬起来，不但能变成得意，而且还能变成大得意呢！"

作为女性如想摆脱困境，或期望从不如意的境地走出来，就不应忘记"不得意才是大得意的转机"这一道理，使之成为强有力的自我暗示手段。只要具有强大的精神后盾，就能增添奋斗的干劲。这等于说，在万分危急之下，只能背水一战才能成功。如能在面临危机时，下意识地断绝自己的退路，把自己置于只能前进、后退无路的状态下，常常可以扭转劣势，获得最大的成功。

应付危机需要斗智斗勇，女性在这时不妨看一些励志的书，也许一些成功人士能给你意想不到的精神食粮，因为每一份成功背后者都有不为人知的失败的苦涩。另外对战胜危机也不能心存侥幸。

有时候，千万要抵防女性天性中的胆小和软弱，凡事不能先行畏怯，失去信心。倘若你屈服于胆小和软弱，那就无可救药了。如果以积极的态度去筹划未来，结果可能会是另一个样子。要想到，灾难虽然是客观存在的，但天无绝人之路，等待也好，挣扎也好，只要一息尚存，就有机会。

记住，任何情况下都不可心灰意冷。哀莫大于心死，只要心不死，你便有希望。更要记住，你是坚强的女性，只要你决心驰骋职场，那么任何困难危机都不能打败你。

4.为未来工作

(1)不要只为薪水工作

很多人工作只是为了赚点钱贴补家用，或是其他一些原因，而这些只为薪水而工作的女人让很多人缺乏更高的目标和更强劲的动力，也让职场上出现了几种不正常的现象。

①应付工作

她们认为公司付给自己的薪水微薄，于是她们以敷衍塞责来报复。她们工作时缺乏激情，以应付的态度对待一切，能偷懒就偷懒，能逃避就逃避，以此来表示对老板的抱怨。她们工作仅仅是为了对得起这份工资，而从来没想过这会与自己的前途有何联系，老板会有什么想法。

②到处兼职

为了赚钱或是补偿心理的不满足，她们到处兼职，一人身兼二职、三职，甚至数职，多种角度不停地转换，长期处于疲劳状态，工作不出色，能力也无法提高，最终谋生的路子越走越窄。

③时刻准备跳槽

或者她们学历很高或者专业不对口，总之她们抱有这样的想法：现在的工作只是跳板，时刻准备着跳到薪水更好的单位。但事实上，很大一部分女性不但没有越跳越高，反而因为频繁地换工作，公司因怕泄露机密等原因，不敢对她们委以重任。

由于她们过于热衷“跳槽”，对工作三心二意，很容易失去上司的信任。所以，一个人若只是专为薪金而工作，把工作当成解决面包问题的一种手段，而缺乏更高远的日光，最终受欺骗的可能就是你自己。在斤斤计较薪水的同时，失去了宝贵的经验，难得的训练，能力的提高。这一切较之金钱更有价值。

而且相信谁都清楚，在公司提升员工的标准中，员工的能力及其所做出的努力，占很大的比例。没有一个老板不愿意得到一个能干的员工。只要你是一位努力尽职的员工，总会有提升的一日。

所以，你永远不要惊异某个薪水微薄的女同事，忽然提升到重要位置。若说其中有奇妙，那就是她们在开始工作的时候——得到的与你相同，甚至比你还少的微薄薪水的时候，付出了比你多一倍，甚至几倍的切实的努力，正所谓“不计报酬，报酬更多”。

假如你想成功，对于自己的工作，最起码应该这样想：投入职业界，我是为了生活，更是为了自己的未来而工作。薪金的多与少永远不是我工作的终极目标，对我来说，那只是一个极微小的问题。我所看重的是，我可以因工作获得大量知识和经验，以及踏进成功者行列的各种机会，这才是有极大价值的酬报。

事实证明，如果你不计报酬、任劳任怨、努力工作，付出远比你获得的报酬更多、更好，那么，你不仅表现了你乐于提供服务的美德，还因此发展了一种不同寻常的技巧和能力，这将使你摆脱任何不利的环境，无往而不胜。

如果你只是一个为对得起自己的薪金而工作的女性，还是改变一下自己吧，因为那样你只能在事业的发展中原地踏步走，或者连这份薪金也保不住，因为工作也如逆水行舟，“不进则退”呀。

(2)积极主动地学习

春梅专科毕业后，幸运地被一家外企录用。但是，她没有满足，她知道自己同别人差距还很大，她必须学习才不至于被淘汰。于是，她开始在下班后去读夜校，两年中，她利用业余时间自修了英语和计算机。现在，她已加入了白领阶层，但仍然没有放弃过各种学习机会，她的学习精神备受上司喜欢。

车子，房子，一切事物随着岁月的流逝都会不断折旧，但是，作为女性，当青春一点点流逝，你有没有想过，你赖以生存的知识、技能也一样会折旧。在风云变幻的职场中，脚步迟缓的女性瞬间就会被甩到后面。要记住一句话，在女性没有青春时，就只剩下才能了。

如果你是工作数年自认“资深”的女员工，也不要倚老卖老，妄自尊大，否则很容易被淘汰出局。那时候即使你是老板眼前的红人，他也会为了公司的利益，舍你而去。

随着时间的推移，女性的劣势就很明显了，再加上有了家庭和孩子，家庭事业两者兼顾很难。为了不落人后，女性就更要给自己“充电”，任何时候都要先行一步，学习也是。

因为，不懈怠的学习才是百战百胜的利器，只有坚持学习的女性才是聪明而有远见的女性。

每个受过教育的女性都知道在职场上奋斗的学习有别于学校的学习，缺少充裕的时间和心无杂念的专注，以及专职的传授人员。所以积极主动地学习尤为重要。

①在工作中学习

工作是任何职业人员的第一课堂，女性要想在当今竞争激烈的商业环境中胜出，就必须学习从工作中吸取经验、探寻智慧的启发以及有助于提升效率的资讯。

通过在工作中不断学习，你可以避免因无知滋生出自满，损及你的职业生涯。专业能力需要不断提升技能组合以及刺激学习的能力相配合。所以，不论是在职业生涯的哪个阶段，学习的脚步都不能稍有停歇，要把工作视为学习的殿堂。

你的知识对于所服务的公司而言可能是很有价值的宝库，所以你要好好自我监督，别让自己的技能落在时代后头。

②努力争取培训的机会

女性同男人在一个公司工作，女性就要常保持一种危机感。多数企业都有自己的员工培训计划，培训的投资一般由企业作为人力资源开发的成本开支。

而且企业培训的内容与工作紧密相关，所以作为女性你就要争取成为企业的培训对象，为此你要了解企业的培训计划，如周期、人员数量、时间的长短，还要了解企业的培训对象有什么条件，是注重资历还是潜力，是关注现在还是关注将来。如果你觉得自己完全符合条件，就应该主动向老板提出申请，表达渴望学习、积极进取的愿望。老板对于这样的员工是非常欢迎的，同时技能的增长也是你升迁的能力保障。

③给自己“充电”

在公司不能满足自己的培训要求时，也不要闲下来，因为女性清楚自己的弱点，你可以自掏腰包接受“再教育”。当然首选应是与工作密切相关的科目，其他还可以考虑一些热门的项目或自己感兴趣的科目，这类培训更多意义上被当作一种“补品”，在以后的职场中会增加你的“分量”。

随着知识、技能的折旧越来越快，不通过学习、培训进行更新，适应性自然越来越差，而老板又时刻把目光盯向那些掌握新技能、能为公司提高竞争力的人。

未来的职场竞争将不再是知识与专业技能的竞争，而是学习能力的竞争，你如果善于学习，前途会一片光明。

5.假如你有个女上司

小黄的单位以前有位40多岁的女上司，最喜欢的事情就是星期一上班来的时候在办公室展示她周末购得的新衣服，这时当然人人都要拣好听的说了。那次女上司新买了一身名牌套装，花了将近3000块钱，说实话，款式和色彩都有点过时，但别人的评价无外乎是“好看”“有品位”“穿着显年轻”“值”，可这些词都禁不住推敲：“好看”“有品位”、太一般化；“穿着显年轻，”难道我平时很显老吗？“值，”那分明是在怀疑领导的经济实力。

还是小黄最聪明，她是公认的对衣服最有头脑，她说“领导这套衣服呢，我说说我个人的看法：第一，不是十全十美，就绝对价格而言，不算便宜；但是，就性能价格比而言，肯定是值得的；第二，色彩和款式，我觉得有点委屈您了，您身材这么好，又年轻，为什么要穿这么老成持重的衣服呢？”把女上司给美坏了。

转过年来，公司要派一个业务骨干去日本进修，女上司把名额给了小黄，因为小黄不仅业务过硬，而且“看问题准确，分析透彻、有道理。”

“同性相斥”的原理，在职业女性与同性上司相处方面所表现出的，大约会是冲突增加，碰上个小心眼的女上司，恐怕还会时常有小鞋穿。怎样融洽地与同性上司相处，这里有职场女性的经验、谋略，不妨借鉴一二。

谋略一：别指望什么“女性味儿”

公司职员文，碰到的是位严肃的女上司。她说，假如你遭遇同性上司，千万也别指望什么“女性味儿”。

你不能不承认，能大小混个“官儿”做的女员工都不是“简单”的女员工，“简单”的人做不到八面玲珑，也就不能在官场上混饭吃。女性要想在本来是男人的天下闯出属于自己的地盘，就要比男人用更多的心思。所以，当你面对女上司时，首先要提醒自己的是：她是一个聪明人；更要告诫自己：她是一个聪明的女性。

文还说：“我一直认为，女领导在工作的时候，如果面对的是男性同事（不管是上级还是下属），她可能或多或少地利用一下自己的女性优势，就是人们通常所说的‘女性味儿’，也有说得更明白就是‘撒娇’的。这种‘味儿’用得恰到好处时，男上级会‘宠’着她，处处给她方便：男下属会‘讨好’她，天天卖力干活。

“但是，女上司对女性同事，这种‘味儿’有时候就‘不是味儿’或者‘不对味儿’了，她细腻你也细腻，她敏感你也敏感。女上司对女下属最多也就是在你‘好朋友’来时说一句‘肚子疼，别着凉’，其实她心里想的是‘怎么这么娇气，我痛经痛得更厉害。’她是感同身受，但她想得更多是部门的业绩而不是女同事来月经时吃什么补品。

“以前我有一位男领导，很会说话的那种，也是很能承担的那种，如果我说这个月我业绩做不到多少，他就替我‘扛’着。跟这种领导相处，有时候撒个娇、服个软真管用，至少不必把自己累死。后来换了个女领导上来，得，我再也没法跟她撒娇了，多累都不行。你想想，哪有女性冲女性撒娇的，她要不是你妈，那你们就是同性恋。女领导多半不吃这一套。你那点小心思她清楚着呢，她能找地方用可你不行，所以，假如你的部门有一位女上司，你绝不能掉以轻心。”

谋略二：女上司永远也不会成为你的朋友

林雨供职于一家广告公司，她曾经十分想谢一位女经理的知遇之恩，甚至最终与这位女经理成为好朋友。可是，一次升职事件的风波，终于使她明白：职场无温情，职场无朋友。

“工作这么多年，有一件事给我印象特深。那是一次开会，一位男经理当着全部门十来号人大骂我的策划：‘想什么哪你，这张图片能用这儿吗？你就找不着一张更好的啦？！’那时我刚刚工作不久，既要强又要面子，最怕的就是当众挨批。我当时就挂不住了，眼泪在眼圈里滚来滚去的。

这时，另一位女经理轻描淡写地说了一句：‘行了行了，下回注意点，找张好点的片子就得了。’一句话把我的眼泪给挡了回去。我当时就觉得那位女领导就像救命恩人一样，要是刚工作就在会上哭鼻子，那以后还不是谁想欺负你都行。从此，我对那位女领导‘另眼相看’，虽然她平时表情也挺严厉的。

后来，我通过自己不断地努力，工作得到了全公司的承认，跟那位女领导的关系也越来越好，有什么拿不定主意的事常常去问问她。我认为（我觉得她也一定认为）我们可以称得上是朋友了。

那一年年终，有一个明年升职的名额，我和另一个女孩同时竞争。我知道那位女领导本来是非常倾向于我的，她知道我是个有能力的人：但最后表决时，她投了另外的女孩一票，因为那个女孩比我有背景，谁也不愿意得罪那个女孩背后的大人物。这件事使我明白了一个道理：职场生涯，没有半点温情可言，也别指望跟你的女领导成为朋友（跟男领导成为朋友就更不可能了，那不等于把自己往绯闻中心送）。”

谋略三：闲话少说，最好不说

张玲玲终于明白，公司只是谈工作的地方。因为她曾经因为兴奋过头闲话说多而吃了不小的苦头。当然，闲话说多了，也是因为她以为可以跟自己的女上司姐妹相称得意忘形了。

“在单位里，只有谈工作是最正当也最正常的。如果你说些什么家长里短的话，不定就传到了谁的耳朵里，还不定就传成了什么样儿。跟一个女上司就更是如此了，因为都是女性，她小心眼犯起来，吃不了兜着走的是你。

有一年春节之前，我们单位发了1000 块钱过节费，部门里几个女同事就开始算计这钱怎么花。我们头儿也掺和在讨论的行列里，她比我们稍微大一点，当时大概二十八、九岁的样子，一个标准的小少妇。她说也想美美，但没想好到底怎么美。

关于那1000 块钱用法的讨论，我们持续了将近15 分钟，以我最兴奋，因为我看上的一副太阳镜要900 块钱，打完折大概700 多，剩点钱还能顺带烫烫头发。我向上天发誓，我们的所谓“讨论”只不过是工间休息的性质，大家随便聊聊而已。不过，春节放假时我还真碰巧在一家美容院门口碰了女上司，只是她好像很着急似的就走了。

两个月以后，我发现女上司见到我总是一种怪怪的样子，我反省了好几天，没觉得自己做错什么。去问也吧，可怎么说呢，问人家为什么见我总那么别扭？这不找事么，领导要问‘你从哪儿得出的结论？’我无法回答。有些事就是这么微妙，不能量化的东西就是一摊稀泥，闷死你都让你说不出话来。

后来，一位老太问我是不是得罪领导了。我一脑门子糊糨，从何说起呀这是？有位大姐吞吞吐吐地告诉我，女上司春节时偷偷出去做隆胸手术，不知怎么被单位里的人知道了，也不知是谁传的话，说这个‘绝密’是我透露出来的。真是比窦娥还冤，我不过是碰巧见到她而已，谁知道她在美容院享受什么科技成果了？

一个女性去隆胸，这是个人最大的隐私；女上司是一个爱面子的人，闲话被人传来传去，最要命的是当初就数我好像最关心那1000 块钱怎么花法，她当然相信我是始作俑者，当然见到我也就怪怪的了。

本来我想去跟她谈谈，可这种事怎么开口呢？说‘你隆胸的事不是我传出来的’？最终我什么也没说。年底，我被调动到了城市另一端的分公司，由此我得出一个教训：上班的时候只说工作的事情，其余事情一律不要谈，更不要打听别人的事，尤其是女上司的事。”

谋略四：张扬有度

“有一个跟你同性的上司，怎么说呢，这事多少有点麻烦。”赵小丹说。她是一家公司的部门主管，她说，你要做出成绩，又不可“功高盖主”。这其间“度”的把握是很关键的。

“做领导的人没有不爱拔尖儿的，不拔尖儿她还做什么领导？但是爱拔尖儿的女性就有可能是这样的：她要求你优秀，但不能比她更优秀。不论是从工作上讲还是从别的其他的方面。

比如，如果你的领导是位男性，那你怎么漂亮都行，他看着你只有觉得赏心悦目；但如果是位女上司，岁数还比你大（如果大 5 岁以上就是灾难了），你还就不能太张扬了，否则她心里不舒服。真的就是这样。但你也不能不施脂粉，素面朝天地来上班，那样她又会说你对不起客户。

总之，仅仅从外表上，你就要给女领导留出余地，让别人一眼就能看出她在这个公司、这个部门的地位；以前不是说吗，在日本就有这样的规定，下属不能比上司的衣服品牌好。

从工作成绩上讲，面对一个女上司时，无论你怎么优秀，也不能让你的光芒掩盖了她的；除非，你要取而代之。假如你比她还能干，那只有两条路好走：要么她挤走你，要么你挤走她。而在你没有足够的把握之前，面对女上司，还是小心谨慎为好，就像开车经过铁路道口一样：一慢、二看、三通过。”

6．练就职场“自检术”

天下没有怀才不遇这回事。一些常常或是表现出“怀才不遇”或“时运不佳”姿态的职业女性，是否思索过：是不是自己也存在一些问题或定位错误，遭遇职场风云，你最需要的是：练就职场“自检术”！

(1)算计或者反算计！

自检关键词：计较、机关算尽

在背后，大家都叫徐菁为“现代版王熙凤”，认为她算计人的招数层出不穷：如何嫁祸于人，如何左右逢源，如何口蜜腹剑……那些被她算计过的人，大抵总结出这样的经验：绝对不要跟她交心谈私事，同时对她的各种殷勤产生免疫力。其实被她算计过的人往往很无辜：她们用心投入工作，从不拉帮结派，也许恰恰是因为人事关系薄弱，从而被暗算……

Tips：

显然做“现代版王熙凤”或被暗算，并非于职场立身的明智之道，最终的结果往往是两败俱伤，而影响到以后的职业发展。

大家不过是同一个机器上各司其职的零件，没有必要把你的同事或是跟你工作内容有关系的人想象成对手。

老板或上司，绝不希望自己的下属互相倾轧，狭窄的人事纷争最终只会令企业蒙受损失，最先被甩开的往往就是那种苦心经营不断算计的人！

(2)是妥协还是坚持!

自检关键词:中庸

杜月的方案在项目例会上被“毙”。开会前她信心十足,因为她自以为这份方案很符合客户的需求,无论是推广策略还是广告费预算,都作出了较为详尽的推敲,而项目总监似乎一直对她撰写的方案不太满意,但每次推翻她的方案却并无一个足够说服力的理由。

最终,她选择了妥协,根据项目总监的意见重新写了一套方案,递交客户。但结果却出乎意外,方案竟然未能通过……

Tips:

相信自己的专业判断,在关键的时刻要顶住压力,上司不是万能的,出现失误在所难免。

意见出现分歧,要注意沟通的方式,切忌心急气躁把问题复杂化。

是金子就一定会发光,但前提是,你要确定自己确实是金子!

(3)你是职场“狗仔队”吗?

自检关键词:探听、散播

小道消息是办公室里不可多得的兴奋剂:刚开始可能是无心触及,但出于天性中的好奇,逐渐对某个八卦事件的关注度持续升级,并开始大范围地与身边的同事分享。直到有一天,被事件中的某个主角质问:你是不是患有偷窥癖?

Tips:

Office 里的八卦可以说是“历史遗留问题”了,凡事有度,吃了兴奋剂似的四处传播真假难辨的同事隐私,后果注定很糟很严重。

尽量避免参与隐私话题,尤其是在公共场合,这样不仅会让你的形象大打折扣,而且小心隔墙有耳,说者过了“嘴瘾”,听者就不一定了。

对于有此癖好的同事要敬而远之,如走得太近,一来容易造成误会,二来影响大范围内的人际关系。

职场中的人都是你的朋友，也都不是你的朋友，切忌过分相信某人，今天的“推心置腹”也许为明天的出卖埋下伏笔。

（4）你是“情绪波动图”吗？

自检关键词：情绪化

方芳的情绪化让她成了办公室里的“话题女皇”，她会因为一份报表被上司肯定而兴高采烈，又会因为一个客户的电话而晴转多云。阴晴不定的情绪让她的工作表现时好时坏，原本有好几次升职的机会，都被突如其来的情绪波动搞砸了。其中一次，居然是因为一个她极其排斥的同事同时得到升职，并有可能日后与她共事，而拒绝了人人渴望的升职机会。

Tips：

过于外露的情绪必会引起上司的疑惑：一个情绪如此波动的人，真的能够胜任更高的职位吗？

情绪管理是一门学问，学会收敛自己的情绪，做到宠辱不惊，并不比大跌后的股市重新升起来难。

职场春风得意时更要警惕自身的行为，低调的态度此时能让你以退为进。

(5)同事是你生活里最熟悉的陌生人吗？

自检关键词：我行我素

张晓晓是办公室众人眼中的“异类”，她从不参加办公室组织的各种活动，下班后立即与所有同事彻底隔离。没有一个同事发展成为她的闺密，甚至没有一个同事在组织饭局的时候，会把她叫上，大家都习惯了她的“孤僻”。虽然她这样的交往方式并没有影响她的工作处境，但久而久之，在需要同事投票决定升职人选或优秀员工之类的关头，她永远是毫不意外的落选者。

Tips：

人缘从来都是办公室生存的傍身法宝。不必刻意去讨好谁，更不要刻意与谁保持过于疏离的关系。

办公室里每个人都有可能是对手或朋友，与其被人排斥与冷落，不如敞开心怀，与有可能是对手的成为“君子之交”。

(6)你在过分追求完美吗？

自检关键词：较真儿、形式主义

宋小颂已经有很长一段时间觉得自己的工作进度比拟定的计划慢半拍，无论她做出多大的努力，自己始终距目标仅有一步之遥。她开始怀疑自己的能力是否到了极限，于是越来越被压力压得喘不过气，求助于心理咨询师，得出的结论是：你太追求完美了！

Tips：

过分地追求完美，不仅会使自己，无形中也会让他人产生压力，如果你是下属，会有脱离团队的危险；如果你是老板，那么“魔头”的帽子一定会戴在你的头上。

人的精力是有限的，顾此便有可能失彼，当完美成为负担时，一切过犹不及。

学会原谅自己，有时候，缺陷美比所谓的完美更珍贵。

(7)同事不是你的ATM！

自检关键词：界限、分寸

艾苞薪资水准在行业当中属于中上，但一直没有摆脱“月光族”的危机，因为她把工资统统换成了名牌奢侈品。所以有时候她甚至会向一起血拼的同事借钱，虽然都是有借有还，可是她借的次数太多，有位经常借给她钱的同事对艾苞颇有微词，终于有一回半开玩笑地说：我又不是你的提款机！

Tips：

与同事划清经济界限是必要的，借钱意味着你要把自己的经济“底细”通过这位同事公之于众，尤其在薪资背对背的公司是大忌。

一个生活中缺少消费计划的人又怎么会在工作中表现得严谨细

致？对你的为人处世的不信任由此而来。

同事相处要拿捏分寸，在某些时候为自己保留些神秘是上策。

(8)你是最佳搭档吗？

自检关键词：张扬、自我

Tina从来不怀疑自己的工作能力和业务水准，因此无论是在公司业务探讨会上，还是在具体的执行中，她都要拔个尖。但是让她感到郁闷的是，同事们在项目分组、选择搭档的时候，总是会把她“疏忽”掉。为何大家都宁愿选择跟一个能力稍弱的同事相互搭档，却不愿意跟一个有足够实力的人共事呢？

Tips：

过分的自信就是自负，过分的表现自我多半会招来同伴的厌恶。

能力够，更要懂得顾全大局，“得民心者得天下”在职场中同样适用。

群众的智慧是强大的，把自己的心放低、打开，会让你的进步快马加鞭。

(9)你剽窃过他人的创意吗？

自检关键词：移花接木

从事广告行业的苏珊亲自策划过不少成功的例子，但是在业界却没有适当的知名度和地位，5年做下来还是普通的策划。但是她的总监却是步步高升。苏珊心里很郁闷，想要反抗，但是碍于以后在行业中的发展，敢怒不敢言。

Tips：

没有不透风的墙，以上压下的做法迟早会让你声名狼藉，威信扫地。

冷静下来换位思考很重要，尤其是在不知所措的时候，更要停下来喘口气，“站”在全局的位置看一看。

（10）你是职场的“知心”人吗？

自检关键词：原则

莉莉刚来到一家软件公司，面对新的同事，她一律是笑脸相迎，原本想以此赢得同事的好感，可是没有想到听到的却是风言风语，尤其让她困惑的是，近来竟然传出她和同组的男同事在秘密恋爱，莉莉左右为难，战战兢兢。

Tips：

业务才是硬道理，虽是初来乍到但凡事要有原则和分寸，只做该做的事，只说分内的话。

“距离产生美”同样适用于职场，职场这个阵地，大家既不是朋友，也不是敌人。在适度的范围内帮助别人，也意味着帮助自己。

做好自己分内事，只问自己该问的，只关心自己该关心的。

第四章　有财力才能活出美丽
——女人的经济资本

对女人来讲，只有财务独立才能获得真正的独立。许多心理学家说过，收入决定一个人的自我感觉。经济独立是打开幸福的一把钥匙。女人有财力，才能活出属于自己的美丽。女人一定要培养自己的理财能力，关爱自己，为自己以后的人生做好打算，才能够活得轻松、自在、无忧。

1．“半边天”的理财特点

常言道，“女人半边天”。其实，在家庭理财实践活动中，无论从人数规模还是从影响力看，女性都超过了“半边天”。尽管中国家庭的收入来源主要依靠男性，但如何支出，女性却拥有更大的发言权。在公开场合，为维护男人的“面子”，女性通常声称家里大的开销最终由男人决定，但真正在家里，却又是另外一回事。

“男主外，女主内”的传统家庭模式下，女性因细心、耐心等先天优势，而往往扮演着家庭“首席财务官”的角色。

(1) 五大特点

根据银行和专业调查机构的研究和比较，五大特点构成了中国家庭“首席财务官”的特质。

①注重储蓄，细水长流

出于女性对家庭的责任感和日常生活中扮演的操劳角色，她们深知日常花消犹如细水长流，平时似乎看不见的花消累计起来却是一个不小的数目，而且每一天、每个月都不能断流。这决定了她们对于家庭理财最基本的看法：注重平常储蓄积累，最常去的地方就是银行和超市。

②精打细算，注重细节

这与女性的性格特征有关，毕竟过日子总是琐碎和长久，因此，不能没有精打细算的思维，她们在家庭消费（比如购物、买菜）和投资理财（比如存款、购买保险、国债、房屋等）方面同样体现出细心、精明的风格。

③远离风险，稳健投资

女性对于冒险的事情持有比男性要保守得多的态度，尤其是不那么富裕的家庭主妇，对于高收益但高风险的投资总是没那么容易进入（比如股票、外汇、期货等），更倾向于稳健型投资项目。

④量入为出，谨慎投资

从信用卡的透支消费中可以明显地看出，女性出现透支的情况比男性小，而长期透支或超期未归还欠款的则更少。在投资理财方面，女性量入为出的风格同样是一道共同的风景线。

⑤听取专家意见，愿意委托理财

也许是性格特征区别所致，银行接触到的理财咨询客户大都是女性（她们更愿意听取专家意见，容易沟通和接受建议），而男性客户则主要通过书面沟通（不太愿意露脸）和面对面“平等地探讨”。

(2)四大误区

然而，专业调查机构的研究结果也表明，中国女性大部分缺乏“与时俱进的理财观念”，不能有效地实现自己和家庭在消费、投资与保障三个方面的“共赢”。

目前，中国的家庭“首席财务官”们存在着以下四个方面的问题：

①不善投资，眼见为实心态较重

女性在家庭中通常都扮演着首席财务官和出纳的双重职责。一方面受传统理财观念的束缚，在目前理财手段并不丰富的阶段，保持着有了钱就进行习惯性储蓄的惯性。

另一方面不相信自己的能力，理财的态度过于保守，最常使用的投资工具是储蓄与保险。寻求资金的“安全性”，但忽略了“通货膨胀”这个无形的杀手，长期下来增值甚微，甚至连本金都保不住。

②缺乏理智，跟着感觉走

女性在投资理财过程中更容易感情用事，还容易盲目跟风。有些女性常常跟随亲朋好友进行相同的投资或理财活动，不做分析，只要答案，缺乏理智的分析与取舍。在选择投资理财工具时，女性对于复杂多变的理财市场缺乏心理准备，面对各种数据和图表没有兴趣。在自己功课没有做好的情况下，耳根子又软，听人家怎么说就怎么做，这一点在股票市场上的投资表现得尤为明显。

在消费方面，女性面对花样百出的商品，要么根本管不住自己的钱包，花完钱就后悔；要么把自己的钱包管得太严，空羡慕别人。

③缺乏规划，常常本末倒置

女性在投资和理财的长期规划上往往较弱，从她们的实际选择看，要么偏向于安全而没有收益的产品，要么投入大量的资金在一些风险性较高投资品上。家庭“首席财务官”虽然不用自己成为每一种投资工具的专家，但需要对它们的基本特点有一些了解，同时需要对自己不同人生阶段的财务安排有个比较清晰的看法。

④疏于学习，不能与时俱进

在投资方面，很多女性对于数字数据和宏观经济分析没有兴趣。投资理财的知识日新月异，不但要善于从实践中总结归纳，还要多读书看报。

一个人的精力是有限的，尤其是对于职业女性来说，白天要上班，晚上回家还要料理家务和照顾小孩，希望自己成为掌握多项理财工具的大师未免不太现实。这时可以委托专家来帮助自己在各个市场上拼杀，或运用“傻傻理财”的方法，自己只掌握大局，不让家庭财务安排发生方向性的错误。

对于资金实力比较充裕的女性，可以聘请专业的家庭理财师。而对于普通女性则可以更多地选择一些基金类的理财工具，获得比储蓄更高的收益。而近期出现的人民币理财工具和外汇理财宝等产品，也为我们提供了更多的选择。

(3)女性理财胜经

对于处在不同年龄层次以及不同人生发展阶段的女性，如何与时俱进，重现自己“首席财务官”的风采呢？

①25岁以下的年轻女性——理财重于理财，投资自身回报最高

这是一个理才重于理财的时期。这个阶段投资自己比自己投资更重要。经常听到有很多年轻的女孩振振有词地说，钱是赚出来，不是省出来。这话固然有理，然而要能赚到更多的钱，首先需要有赚钱的本领。

对于理财而言，这个年龄段的女性要么没有概念甚至排斥，要么有父母协助打点。指望她们看紧自己的钱包一般比较困难，但可以在花钱的方面多做提高，消费的时候尽可能地使用最少的钱来实现自己的愿望。现实生活的教育本来就是她们在理财成长道路上一个必不可少的环节。

②单身女性——储备结婚基金，准备终身大事

除非你打算“孤单一生”，否则都免不了要准备一笔结婚基金。一般来说，结婚基金属于短期需求，因此，定存、现金的比例必须在五成以上，以保持资金的稳定度。另外，低于五成的资金，也应该把目标锁定在稳健型的投资工具上，例如每年分红稳定的股票型或稳健型的基金产品。

③26岁到45岁间的女性——储备子女生育基金，转型家庭理财

这是一个理财最为复杂的时期，个人理财逐渐转变为家庭理财。一来工作上可能会有升迁或变动，使得自己能有更好、更稳定的收入来源；二来面临结婚生子，子女抚养和教育费用逐渐增加；三来父母年事渐高，赡养老人的义务也逐渐提上日程。

初期为了把家庭变成真正的避风港，需要进行家庭风险管理，建立家庭风险管理基金，并开始选择保险等未来保障型产品。还可以

适当地考虑一些收益较高的投资理财工具。一般来说，家庭的风险管理还是应该以保险和银行定期存款为主要工具。

因此，应该先架上一层安全网，再来进行其他的投资目标规划。从国外的情况看，一个人适当的保险金额，应该至少是每月总收入的72倍，也就是所谓“72原则”——保险提供的保障应该至少足够在没有工作的情况下支撑6年。

在后期需要逐步降低风险，增加流动性，因为随着结婚与子女的出生和成长，教育基金的需要量也会同步增长。因此，在孩子年龄还小的时候，考虑到教育基金的重要性，家庭的现金支出压力会增加，资金链会相对吃紧，加上买房的压力，抗风险能力会降低。所以，这一时期不宜投资高风险的投资品，主要兼顾流动性与保障。

④45岁到55岁之后的女性——维持生活水准，做好退休保障

这一阶段主要是为自己退休后的生活进行准备的阶段。可以根据家庭成员的状况分别安排资金，由于资金刚性支出压力较小，可以相对灵活地进行安排，比如给自己或家庭成员再购买保险，资金充裕可以考虑再购买一套房等。

但仍不宜进行自行炒股等高风险的投资，宜改投国债或者货币市场基金这类低风险的产品。因为年龄大之后，各种突发疾病等情况发生的情况会增加，需要留有现金以应付突发情况。

总的来说，不同的人、不同的家庭在制定自身理财方案时可能会有较大的不同。但最为核心的是自己一定要有综合理财的概念，对于自己的未来要有全盘考虑，这样才能做出最适合于自己的理财方案，重现家庭首席财务官的风采。

2.新婚族的理财功课

新婚，意味着一种全新生活的开始，也是一个理财的新起点。

婚姻专家认为，理财技能在现代的婚姻生活中的重要性不可忽视，良好的经济基础也是美满婚姻生活的一个重要保障。

新婚族应该如何理财呢？理财专家建议，新人在婚前检查自己的财务状况，并相互协调和约订婚后的理财方式，将有助于减少婚后的财务压力。

和婚前体检一样，新人在结婚前要先做财务检查。在明确自己财务状况的前提下，新婚族理财要注意以下原则。

(1)确定共同的理财认知

婚姻专家认为，理财技能在现代的婚姻生活中的重要性不可忽视，良好的经济基础也是美满婚姻生活的一个重要保障。理财应该成为夫妻双方的共同责任。

与婚前理财各自为政不同，结婚之后，新人们可以根据各自的特点做出理财分工。理财专家建议，相对理性的丈夫更适合从“开源”角度进行投资，而细致的妻子更适合精打细算进行“节流”。

成家之后的理财不再是一个人的事，而是两个人、四只手在共同堆积家庭财富的“金字塔”。婚后理财，不仅仅意味着收益的共同享有，更意味着风险的共同分担。家庭财产的支出，最好要两个人商量着办，即使由一方负责决策，也要使另一方知晓。

婚后理财的最终目的是为了使家庭生活更加圆满与美好，千万不要因为理财的问题，导致负面的结果，生活中这样的负面例子也不少见。因此，夫妻双方一定要本着“共同理财”的原则，使夫妻的共有财产保值增值，以此提高生活水平，并促进感情的发展。

(2) 主动改变理财习惯

结婚前，原本单身贵族生活支出较为自由，一些人甚至少有理财习惯。结婚后，新人们要主动建立起一些理财习惯。比如建立起家庭账本，利用网上银行和银行卡消费记录来了解自己的支出状况。

理财专家建议，新婚族应准备家庭紧急备用金，以应付失业或收入减少、紧急医疗或特殊事故。手头备有一两张银行信用卡，可以获得短期的免息贷款。

(3) 合理分配

在一个家庭夫妻双方的收入总和中，应该使用多大一部分进行投资与理财便涉及了家庭收入的合理分配问题。很多新婚夫妇，刚刚组建家庭，并没有太多的持家理财经验，往往过于追求生活质量，生活消费支出所占比例在收入总和中偏高，便会导致“无财可理”的局面。在每个生活消费环节中都节约一点，积少成多，婚后理财便有了物质基础。

(4) 综合考量

即客观分析自身对投资风险的承受能力。一个人对投资风险的承受能力往往受多重因素影响，主要包括：收入稳定性、日常必须开销占比，以及现有总资产及其构成等因素。新婚家庭应根据自身风险承受能力，规划出适合自己的投资风险组合。一般来讲，新婚夫妇如果并不急于生育孩子，且距离养老计划还有一段时间，在投资组合设置上可选择风险较高同时受益也较高的进取型投资组合。

(5) 制定理财目标

由于在人生中的不同阶段每个人所面临的收入水平、支出状况及生活保障程度是不同的，因此，生活理财也要根据不同生活阶段下不同的理财目标，制定不同的理财计划。与中年及老年阶段理财不同，新婚夫妇理财目标主要有以下几个方面。

购房资金或按揭还款。拥有独立的住房是每对新婚夫妇的愿望。面临着高高的房价，购房资金或按揭还款已经成为许多新婚夫妇的第一支出。当然，在不少地区房价已达到相对高点的时期，是选择购房还是租房，对于新婚夫妇来讲，也是理财计划的一个重要部分。

赡养老人。虽然目前许多新人双方父母的经济状况往往要好于新婚夫妇，但赡养老人作为中华民族的传统美德，依然要加以发扬。尤其是对于并无工资来源的父母，更应克尽赡养义务。在我国医疗保障体系并未达到完善的前提下，为双方老人作出相应储备是十分必要的。

自身继续教育费用。职场竞争日益激烈，许多年轻人出于自身考虑或事业需要，往往希望继续攻读学位或参加相关培训。如果选择重新返回校园继续攻读学位，那么在增加教育支出的前提下，短期的工作收入还会相应减少，虽然可以将教育作为一种投资，但还是要注意短期内家庭现金流的变化。

子女相关费用。这部分费用主要分为两块，一部分是子女生育费用。另一部分是子女教育费用。对于子女生育费用，也是要从现金流方面加以充分考虑。在增加营养费及可能要发生的保姆费之外，女方收入可能也会有所减少。而子女的教育费用，则更需要作出长期计划。

目前可用于家庭理财的投资产品较多，储蓄、股票、保险、信托、期货、外汇、基金、房产等投资工具均可纳入家庭投资理财组和之中，简单举例说明一户新婚家庭的投资计划：

家庭总收入：6000 × 12=72000 元 / 年

日常生活支出：2500 × 12=30000 元 / 年

可用理财资金：3500 × 12=42000 元 / 年

理财计划：

购置住房：1500 × 12=18000 元 / 年，占比 35%。

股票或基金：10000 元，占比 24%。可提供较高收益，同时具有较高风险。

债券：10000 元，占比 24%。债券具有最为稳定的收益，且风险较小。作为理财计划中重要一部分，债券尤其是国债，降低了整体投资组合中的风险。

活期存款：4200 元，占比 10%。活期存款具有极强的变现能力，拿理财资金的十分之一作为家庭生活备用资金，以备不时之需。

保险：3000 元，占比 8%。

以上理财计划中，充分考虑了新婚家庭购置住房的迫切性，所占投资比重最多。其次的股票或基金、债券分别占比也较多，体现出青年人进取型投资的特性。婚后初期，应集资金占比较少，建立在双方老人经济独立及暂时并无生育计划的条件之上。最后的商业保险一项，是为了防范家庭财产及人身风险的重要底线。

随着家庭财富积累的增加，更多的投资品种可以进入组合，家庭承受风险的能力也会逐渐增强，投资方式便会呈现更加多样化的特点。无论怎样，“投资组合”是在家庭理财过程中最为重要的投资理念。

3.30 岁女人的理财金算盘

记住财神爷索罗斯的名言："理财永远是一种思维方法，而不是简单的技巧。"我们首先需要掌握的，仅仅是一种态度而已。

当2 字头的年龄划下句号，以往无忧无虑的都市女性会突然发现生活里多了些不浓不淡的阴霾：房价又涨了，老公需要添一部车子，爸爸妈妈看病的花消逐年递增，公司的职位突然多了好多年轻的女孩来竞争……还有，生育BB 和抚养他到18 岁的开支居然要49 万元！

天哪，有这么多的账单要签付，薪水袋里那一叠薄薄的人民币怎么够？看来只有开源节流、另辟财源才行了。但不幸的是，我们这些被父母娇惯、被老公宠怜的FASHION 女人们，虽然人过30岁，但对于理财的了解，简直几乎就是一片空白！

每月末月光光心慌慌的场面固然不少，奋斗数年积蓄微薄的情况也不可谓不多——看着这一片"满目疮痍"，到底应当如何是好？

答案非常简单，现在的你，必须以四倍的速度开始恶补理财知识。

学习秘籍：成为理财金算盘的4 个POINT。只要掌握"合理开支+ 稳妥投资+ 适度保险+ 隐性副业"的四个重点，你就能轻轻松松进阶理财高手！

(1) 做个精明消费族

关于如何聪明花钱的建议，在网上、书上，朋友的谈论以及老公的唠叨中，你都已经听得太多太多了。不过，我还是要针对30 岁这个关键的年龄，再多说上两句。

建议A 修改那些错误的消费概念。比如说，很多30岁女人都以为，一份购物清单对于控制疯狂Shopping很有作用，其实不然。美国AOL网站的统计告诉我们，只有20%的女人能够严格按照购物清单购物。解决的办法是：购物之前，尽量忘掉你要买什么东西。因为事实上，你忘记的东西一般都不是特别重要的东西。

建议B 不要尝试那些新鲜的购物方式，除非你想当小白鼠。以网上购物为例，这是一种相当新潮的方式，可是对于想理智开支的你而言，真是糟透了。因为你看到的实物永远和照片有差别，而且在售后服务方面，你根本得不到支持。我不得不说，除了书，你在网上简直买不到什么好东西。

建议C 让那些信用卡和银行卡都见鬼去吧，要相信，信用卡的支出完全没有损失感。你会觉得买了1万元的SK－II，和买20元的小护士一样没有什么区别。携带现金没有那么方便，同理，也就不那么容易花出去。

(2) 投资贴身设定：我的情况我分析

羡慕银行为大客户定制的贴身投资计划？其实你自己也一样能做到。花上两个小时时间，分析自己的财务状况，再按下面的要点一一设定，获得你30岁的专属投资计划，一切就这样简单。

状况分析：进入30岁，已经脱离积蓄不多的窘迫阶段，收入渐增，需要清晰理财思路。这期间的特点是可供个人支配的金额增加，由于对投资理财已有初步了解，可能也开始摸索投资的步骤和规律。

但是，由于结婚与生育大多发生在这一年龄段，也要考虑随之而来的各种开支，这几年也是高消费集中的时间。

投资目的是促进自己财产增值，在35岁前要增加20%，为可能的大型开支筹备足够的款项来源。同时，建立好完整的理财体系，设定系统性的投资计划。考虑到风险性的问题，也需要筹划危机开支的专门款项。尤其应设定预算系统，以安全及防护为主。

①有险无惊的绝对天书

30 岁的女性都特别重视安全感，所以她们总喜欢寻求保险的帮助。据统计，30～35 岁的白领女性是中国女性保险支出的最多的族群。但在选购了一份安心的同时，她们并不清楚这种投资到底能为自己带来何种程度的收益与保障。问问自己，你是否也是无数个购买了保险，或者想要购买保险，却对这方面的知识知之甚少的女性之一？牢记一点：年龄越大保险额越高，想为未来的保险省点钱，现在你就应当为自己选择最适宜的保险。

②我是收入平平的工薪族

因为已经有了社会保险，在收入平平的情况下，可以只购买一些意外险作为补充，或是投保价格较低的女性健康保险。并在此基础上选择具有分红性质理财功能的保险品种，以达到理财和疾病、意外、养老等综合功能。购买时，还可以根据保险公司的盈利状况，享受到分红。

以一位在事业单位工作的 30 岁秘书吴女士为例，她如购买某保险公司的 X 年期两全保险，在不同的时间身故，将会按年限领取主合同的数倍保险金额；如果合同满期日仍生存，则将获得该年度主合同的保险金额的满期金，同时在保险有效期内，还可以获得红利分红。而吴女士在购买上述保险时同时购买的附加重大疾病保险，20 年交费，每年的保费支出大约在 500 元，30 年内却可获得患重大疾病即返还全额 10 万元或部分保额等多项权益。

③我是资产丰盈的金领女

因为个人可支配财产较多，所以可承受保险公司推出的保险费较高的女性健康保险，另外也可以考虑适当地购买一些附加投资连接的保险或综合类险种。这些险种可满足个人更大的投资回报需求。

但在购买这类具有投资色彩，回报也可能更多的险种的时候，应该注意的是，既然是投资，就有一定的风险性，应该严格考察你的风险可能会出现在哪里。

例如30岁的朱太太在一家著名的船务公司任首席代表，月收入上万元。对她而言，保险投资计划中就应有专门针对女性重大疾病和残疾的保险，以防她在生病时家庭经济受到影响，同时也应有高额身故保险以及住院医疗保险。

以实例而言，她可以购买某公司专门针对女性的疾病保险，保额30万元，每年交费不过1万元，交费期20年。一旦患有重大疾病，她便可能获得高达30万元的重病保险，同时还可以参加分红。如果再购买附加住院保险作为补充，即便是在有医疗保险的情况下，每日还可以获得一定数量的住院津贴。

(3)现在开始做个双薪族

现在还在回忆年终双薪的美味？运用8小时工作之外的时间，30岁的你就可以每个月享受到双薪快乐了。秘诀就是：在维持工作业绩的同时，开发一门可以稳定赚钱的副业，不过最重要的是，不要让你的老板知道。以下，就是我们的郑重推荐。

双薪第1招网上开店

将自己的闲置物、特殊渠道获得的平价品、有特色的民族饰品……这些统统都能在网上卖出一个意想不到的好价钱。易趣、淘宝都是你寄居的好地方。占用的业余时间极少，且小店的投资回报率高达50%呢！

双薪第2招快乐文字

30岁了，已经忘记以前少女时写浪漫散文的温柔心情？现在，你可以把它拾回来，试着做一个业余写手，并不是一件太困难的事。报刊的稿酬对你来说是相当不错的补充，你一个月的基本开销就没问题啦！

双薪第3招美容顾问

许多直销的化妆品品牌，如雅芳、玫琳凯都长期招聘美容顾问，你可以利用下班的时间，向客户介绍最新的护肤品和彩妆。有20%～50%的销售提成，也是一项相当不错的副业选择。

双薪第4招家养爱宠

不少人很喜欢养宠物，如果碰巧你也是其中的一位，那么就养一些品种名贵的狗狗或者猫猫吧，既是自己的爱好，又能够通过家庭繁殖售卖幼犬幼猫给同好者，还可以结交到志同道合的朋友，可谓一举三得啊！

双薪第5招女家庭教师

每个人都有自己擅长的专业，比如：以你英语四级的水平，去做同声翻译可能有点问题，但是，如果利用晚上或周末的时间辅导一个即将高考的高中生来说，就绰绰有余了。另外你钢琴弹得好也别有所保留，做个女家庭钢琴老师也是个令人羡慕的兼职。

双薪第6招艺不压身

喜欢画画吗？喜欢做布娃娃吗？喜欢自己动手做陶艺吗？如果你有上边这些爱好中的一项，你就可以把你的爱好转化成现实中的Money。你可以把你的作品送到专业店里寄卖，一来这样很有成就感，二来就可以赚到双薪了。

(4)10件应做的事

1．系统地学习一下投资知识，有必要添置小型财务软件，以及上网学习模拟投资。

2．和先生一起商量投资计划，让两人都对家庭的投资有所了解。

3．为生育基金做好准备，包括生产费用与休假损失。

4．留出2.5～3个月的收入，一部分做急用现金，另一部分投资货币市场或储蓄。这是为你失业、生病或修理房子和汽车做金钱储备。不断增加你的投资额。

5.从现在开始每月至少投资总收入的10%。

6.你的投资资产中至少80%是向增长型项目投资,20%向收益型投资。

7.在能承担的风险范围内寻找高收益投资项目,不要担心风险,因为高风险就意味着高回报。

8.杜绝投机性质的投资行为,要有规律、有系统地投资,也就是走长线,比如购买定期定额的基金投资。

9.不要过分相信你自己的投资能力,最好是委托可靠的专业投资顾问公司,慎选报酬稳健的长期投资方式。

10.设定自己的年投资收益,不要太高或太低,一般来说,6%~8%的年收益,就是30岁年龄层最合适的收益了。

万全计算:现在的我,可以承受多大的投资风险?

根据嘉信理财的调查表明,不同年龄层的女性投资信心并不一样。30岁左右的女性,有一半人害怕投资。在这样的情况下,评估所能承担的风险有多少,才不会因理财失当而影响生活品质。

根据理财专家针对各个年龄层所做的风险承受度的分析结果,可以得出"可承担风险比重=100—目前年龄"这一公式,作为投资时的参考。

也就是说,如果你的年龄是30岁,依公式计算你可承担风险比重是70(100-30=70),代表你可以将闲置资产中70%投入风险较高的积极型投资(如股票),剩余的30%作保守型的投资操作(如定存)。

4.聪明女人应这样和男人“谈钱”

大家都说，真正相爱的人不算账，可在我们这个时代，金钱还是导致三分之一情侣分手的原因。作为女人而言，跟男人处理“钱”问题，通常最容易陷入下面七个误区。

错误1：从来不谈

一旦热恋期度过，情侣们无可避免地遭遇现实问题，那时他们心中就开始算账了。如果其中的一方经常忘记主动付账，另一方或者提醒他，或者默默忍受，但终究会有爆发的一天，争吵不可避免。

最好的解决办法：在金钱问题开始困扰日常生活之前就明确地谈论它，明确各项开支两人如何支付。为了避免出现一方认为自己付账更多的情况，两个人建立一个共同账户，用这个账户里的钱支付日常开销。首先要坐在一起计算每月大致的生活费用，共同账户里保存这个数字即可。

错误2：收入不同，但实行AA制

因为即使是公平的ＡＡ制原则，却越来越难被收入少的一方所承受。其结果是在心中积累了怨恨。

最好的解决办法：在收入有差距的情侣间，最佳方案是按照收入的比例来确定承担日常开销的比例，这样每个人都能存一些钱，买自己喜欢的东西，也能毫无芥蒂地给对方买礼物。无疑，这才是最公平的原则。

错误3：一个人负责还贷，另一个人负担日常开销

没有从经济上参与两个人的重大投资决定，一定会带来日后的遗憾，这对年轻夫妻来说是十分严重的定时炸弹。

最好的解决办法：三十岁以下的年轻人在共同投资的问题上经常犹犹豫豫，因为他们对自己的未来还不确定。但如果两个人想共同投资，房子是最好的选择：在一处各自拥有权利的房子里共同生活能带来精神上的平等感受。

错误4：我一个人管理两个人的钱

因为对金钱的管理会成为一种权利。心理学家告诉我们，如果在爱情关系中一方拥有绝对控制权利，长久下去会造成两人关系的不平衡。

最好的解决办法：女性更细心，是更好的管理者，她们之中的大多数认为自己对家庭的理财状况负有责任。一个人管理两个人的钱，为什么不呢？但条件是尊重对方的自由，不加评论，毕竟每个人的价值观多少有些差异。

错误5：我一个人负担所有开销

如果长期独自承担经济压力，会使一方的心理变得沉重，非常不开心，焦虑暴躁，面对另一方的无忧无虑，他会感到很不公平。

最好的解决办法：金钱的烦恼应该是由两个人来分担，即使你认为自己在这方面比他高明。你可以对另一方说："你的意见是什么？""帮我一起来解决这个问题。"参与感在爱情中是非常重要的。两个人共同想办法，不仅会找到更好的办法，也会找到心理的平衡。

错误6：我借给他钱

事情在一开始就不清不楚，对方答应你一定会还钱的，但你既不知道是什么时候也不知道他如何还，这种隐藏着不信任的关系在情侣间制造了压力。一方持续充当着消防队员的角色，时刻准备为另一方解围，也许认为这是爱的表示，但实际上是加重了两人之间的不平等和依附关系，这对爱情来说是非常有害的。

最好的解决办法：在互相信任的情人之间，互相帮助是很正常的事，但保持透明度非常重要。不妨问这样的问题："你认为能够把钱还给我吗？""你认为这笔钱不需偿还吗？"不要开口向情人借钱，除非确定能够偿还的时候再开口。

错误7：缺钱的情侣没有好结果

金钱问题是卸载感情的一大因素，它如同一个面具，隐藏着最深刻的危机。有一半的夫妻在离婚的时候为金钱问题大吵特吵。无可否认，我们都是自私的，分享和无私援助不是我们的信条。当两个人的感情出现危机的时候，拿金钱说事是最容易的，其实问题比这复杂得多。正如心理学家所说，金钱就像一个聚满猜想的地方，如果不交流，对方会由此产生最深的误解。

最好的解决办法：了解对方的金钱观和价值观有助于你理解对方的行为方式，进而确定自己和对方是不是一路人。

5.精明消费，享优质生活

其实，在精明的人那里，花100元钱也能过得像贵妇；而对于不善分配金钱的人来说，即使中了500万，朝夕之间就会享用完。Smartwoman,smartmoney。下面就来教你怎样花小钱过优渥生活。

(1)晚上九点去超市

很多超市的果盘、沙拉、糕点、熟食等，都会在晚上9点开始打折，价格可能是标签上的一半不到，但能让我们的夜生活更有“质量”一些。

(2)上午购买机票最便宜

你知道一天之内什么时候买机票最便宜吗？答案是上午。因为机票的折扣通常会隔夜重新调整。另外尽量避免周一上午和周四晚上出行，因为这两个时段旅客最多。理想的飞行时刻是：每天中午及一周的中间日子。

乘坐转机航班到目的地，会比直飞航班便宜许多；选择规模相对小的航空公司航班，通常比超大型航空公司航班便宜；如果在携程网上订票，注意它的“往返特价区”，订购往返机票会比购买两张单程票便宜40−60%不等。

(3)选择淡季举办婚礼

没错，婚礼也分淡旺季。每年1−2月、7−8月是婚礼淡季，相比在婚礼旺季找不到酒店、婚庆公司坐地起价、机票居高不下等诸多不利因素，淡季举办婚礼不仅仅是省钱这么简单。

(4) 选购超市自由品牌

购买日常用品，超市自有品牌是物美价廉的选择，它们的质量通常与品牌商品无甚区别，价钱可便宜不少。另外，止痛药也不妨购买本土品牌，它们通常具有同样疗效。

(5) 电影看打折的

好电影当然要去电影院看。除了众人皆知星期二全天电影半价外，有的电影院特地推出“女士之夜”，女人照样享受半价。还有“信用卡之夜”——持指定信用卡即可半价。另外周末早期几个小时，看早场大片最便宜只要10元，最起码也可以享受对折

(6) 别忘了更新手机套餐

不要轻易接受电信销售人员向你推荐的套餐计划，因为他们会推荐利润率最高的套餐，而你可能并不需要。仔细核算自己的通话量，最精确的方法是上网调出通话详单，一目了然。

(7) 打车时每15公里抬表结账一次

在北京，大多数人只知道夜晚11点以后起步价多1块钱，殊不知真正的夜间行驶每公里都要多交20%的费用。另外，如果你乘坐距离超过15公里，就要求司机开到15公里后抬表结账一次，或干脆换车，因为超过15公里就要支付往返空驶费。

(8) 下载电子杂志

很多平面杂志都提供电子杂志下载，既环保又省钱。在杂志各自的网站上可以找到下载链接。有的杂志会节选部分章节刊登，有的则整本提供下载。当然有些畅销杂志可能不会免费下载，比如《三联生活周刊》，需要每期付费4元，但也比从报摊买一本花8元便宜一半。

(9) 旅行时住大学的招待所

经济型酒店也越来越贵了，那就瞄准大学里的招待所吧。一百多块就可以来个标准间，若在厦门大学、武汉大学、浙江大学这种

学校本身就是一处好景点的话，那就更值了。

(10)联名信用卡让你一边花一边赚

联名信用卡指发卡银行与盈利机构（比如航空公司或百货公司）共同发行的信用卡。持联名卡除了可享受信用卡的便利外，还能得到盈利机构提供的一定比例的折扣、回赠，或其他增值服务。推荐有车族办张建行汽车龙卡，加油、维修保养、车险、租车都有优惠；“空中飞人”可办理上航浦发联名信用卡，不但积累里程，还能享受登机专属柜台，机票买一赠一。

(11)掌握自己的消费习惯

知名理财专家Simonnne Gnessen建议：每个人都应该熟悉自己的消费习惯，找出最易乱花钱的诱因，为下一次冲动购买准备好应对策略。比如刷卡前，问一问自己：这是必需品，还是奢侈品？选择能力范围内的商品，才不会负债累累。

(12)购买电器时认准节能标志

当你购买新电器时，别忘了找一找节能推荐标志，这个标志意味着电器运转成本更低，也更环保。换掉你家的旧冰箱吧，一年可以节约不少电费呢。

(13)不喜欢的礼物，下次转送给别人

收到的礼物，难免有不对自己口味的。这时，别着急拆吊牌，先收好了！下次有合适场合，加层包装纸再转送给别人。这不是对别人不礼貌，而是把有限资源发挥最大效用。

(14)小奖励巩固节俭成果

坚守一份苛刻预算，就如同过分节食。如果你对于自己过于严格，最终可能会在压力下崩溃。一次压力爆发后的放纵花费，就会让多日的节约成果付诸东流。所以，时不时给自己放放假，用一份哈根达斯、一块蓝莓蛋糕，给自己小奖励。

(15)别再白白浪费健身卡

冲动下办的健身卡一再变废卡？每周去健身馆不到一次？别再浪费了，赶紧把卡转让给更需要的人吧。

(16)选择容易打理的发型

是的，我们当然知道丝毫不打理头发，肯定不行。但少花钱也一样可以弄出漂亮发型。如果你不需要定期进行昂贵的挑染，而是告诉发型师你的发梢需要修剪，算一算可以省下多少钱呢？何况频繁染发，对健康也没好处。

(17)节约美容成本

美容品不一定要到大商场购买，网络购买既方便又省钱。

此外如果有熟悉的美容师，可以问问美容院是否有你信赖品牌的美妆品大包装出售，因为美容院有专业渠道，比外面零售卖便宜得多。

(18)尽早付清房屋按揭

怎样提前还贷才最划算？专家介绍了三种最省钱的还款方式：将所剩贷款一次性还清；部分提前还款，增加月供，缩短还款周期；部分提前还款，月供不变，缩短还款周期。

(19)能发飞信时,绝不发短信

飞信这项发明实在太伟大了！在键盘上敲敲字，一按回车，信息就发送到对方手机上了，而且一分钱不用花。飞信还可以积分，每天8：00——24：00,累计在线时长每达0.5小时就获得2个积分,每天最多可获得8个积分。积分越多，参与抽奖的奖品越好，每天都有机会获得PSP礼包、100元充值卡、爱心T恤等礼品。

(20)去超市购物前列好清单

别小看在收银台前排队结账的几分钟，很多人都会手痒痒买下陈列在收银台附近货架上的口香糖、巧克力和杂志，让花费超支。所以，出门前你需要先列张清单，看看家里库存究竟缺什么，并只带正好的钱，这样结账方便、省时，也防止冲动消费。

(21) 约会时两人点一份套餐

别把这样的约会看做寒酸，吃多少点多少反而是最时髦的环保举动。如果不够吃，最多再加一份主食，总比每次吃完剩下一大堆甜品、汤或小菜被浪费掉好。这样，你会少了很多罪恶感，又能精挑细选品尝食物最好的味道，另外，还不容易发胖哦。

(22) 找到比购物更持久的快乐

终于完成一桩大case，迫不及待要奖励自己，结果买了平时根本难得穿的昂贵鞋子。本想以此激励自己，却在收到信用卡账单时情绪低落了半个月。购物快感来得快去得也快，研究显示，运动和阅读才是能创造更持久快乐的源泉。

(23) 换掉大衣橱

你是否常觉得衣橱太小，放不下越来越多的衣服。其实换个角度，大衣橱里塞得满满的衣服，究竟有哪几件常穿，又有哪几件穿过一次就压箱底？一个大衣橱，带来的结果往往是：盲目开支、事后后悔以及越来越拥挤的居住空间……快换个小的吧！

(24) 开通网络电子记账本

比起纸张记录，在网络上的消费记账更为随意且简单明了。这种方式大多采用了与博客相结合的方式，注册简单，除了支出、收入等项目外，有的电子记账本还有“情侣消费”等有意思的特别栏目。理财易（www.licaie.com）、钱包网（www.qian8ao.com）、盐糖记（www.ytji.com）等网站都是不错的选择。

(25) 放弃彩票梦

统计数据表明：中大奖的几率比你被楼上坠落的花盆砸到的几率还低。所以，不如把你的闲钱放到活期账户里存起来吧，别再指望凭那微乎其微的几率当上百万富翁。

(26) 充分利用网络代购

想买到又好又便宜的东西，怎能少得了网络代购。不用交订金，只要告诉对方商品货号和所需尺码就ｏｋ。另外还可以通过代购买到国外商品，比如悦购网。可以买到美国保健品，日本商品代购网。可以买到日本数码产品和美妆品等。

(27) 自带午餐，加大烹饪量

每天叫外卖没少花钱，品种还有限。渐渐三餐中最应该吃好的午餐变成应付差事。想吃什么自已做，经济又实惠。

(28) 家居巧装修

买房子很贵，但真要住进去还得好好装修一番，又要花钱不少。在装修和家具上多花点心思可以帮你节省很多开销。尽量别做复杂、难以改动的装修，多做些软装饰，每过一年半载，可以随时更换。

6.未雨绸缪，保险当道

女性担负着女儿、妻子、母亲的角色，生育与家庭的双重负担，更使她们容易受到伤害。女性买保险，不外乎健康、意外、养老、理财四大类。各个人生阶段的保障重点不同。但无论何种年龄段的女性，保障类的健康、意外险产品都是首选；当基本保障都齐全了，才考虑买养老产品；如果还有闲钱，再选择一些投资类的保险。

保险行业有一句经典的推销语录：买保险就像晴天备把伞。听起来非常有道理，因为谁也料不到什么时候大雨会不期而至。可是，当暴风雨真的来临时，你撑开一看，原来是把漏洞百出的伞，或者是薄纸糊的伞，甚至是你一厢情愿以为存在、而根本就不存在的伞时，你该怎么办？

再不要一味抱怨“我被骗了”。假如当初签保单时，你多一些疑问，多问几个为什么，多和代理人探讨甚至“纠缠”一些细节问题，结局一定不同。当你坐下来，平心静气去梳理一张保单里面的条款时，你会惊异地发现：其实，和自己保障利益密切相关的细节并不多，而且也没有那么晦涩难懂。但这些细节，却决定着你购买保险的成败。

(1)代理人关键词

“不承保范围”“免除责任”“减额交清”“可转换权益”“自动垫交”——如果以上词汇你基本没有听到，那么，你眼前的这名代理人就值得怀疑了。

在购买保险时除了选择服务好、口碑好的公司之外，更重要的是认真选择保险代理人。一个优秀称职的保险代理人，可以为消费者解释保险条款，点评产品，分析个人财务需要，并提供一系列迅捷而专业的服务，如签约、保全、理赔等等，而且不会误导投保人。

选择代理人最关键的要看他是在单纯推销保险还是真正能从客户的实际需求和财务状况出发考虑问题，看他能否把险种的优缺点讲清楚，是否介绍不承保范围及有关责任免除的条款规定。

任何保单都有不承保的范围，但是有些代理人为了自己业绩需求，在向投保人和被保险人介绍产品时故意遗漏此项，把保单说成什么都保、什么都赔，让那些不了解保险的人投保。结果，发生保险事故，投保人申请理赔时才发现被误导了，导致了条款争议甚至理赔官司，最终花钱买的保单成了一张废纸，白白地遭受损失。

(2)保单关键时间点

其实不仅仅是签保单，当你准备在任何一份合同上签字的时候，都应该三思而后签。10 天的投保犹豫期，对于你来说至关重要。

(3)投保犹豫期：10 天

投保人买保险后，如果后悔了，可以无条件地退保，拿回自己缴交的全部保费，但要记住有个时间期限：10 天。

由于保险条款复杂，为了充分保障投保人的利益，各家保险公司在保险合同中，都有一个“犹豫期”的规定。

一般来说，客户收到保单后的10 天是个重要的“犹豫期”，投保人可以充分利用这一段时间，仔细研究保单，或咨询对该险种比较熟悉的朋友，对自己所投保险种作一番深入考虑，下定最后的决心，保或是不保。如果投保后再中途退保，就要承受较大损失。

(4)交费宽限期：60 天

考虑到投保人可能因为手头资金周转不灵等种种原因，未能按期交保费，保险公司一般都会设定一个延交保费的宽限期，大多为60天。这是针对分期交保费的情况而定的，如投保人到期未交纳保费，则从保险单载明的交纳日期次日起60天为宽限期。

宽限期内发生保险事故的，保险公司承担保险责任，但会从所需给付的保险金中扣除其所欠交的保费及利息。

(5) 观望期：3个月或半年

如果患上一些较重大的疾病，身体会有一个渐变过程，并不一定是突发性的。反映到医疗保险上来，就是投保人在买保险时，连他本人都不知道自己存在某种隐患，或者他事实上已经是一名“病人”了，如果刚投保，就因此发生医疗费用，要保险公司为其负责，是不太公平的。

因此，绝大多数保险公司都对住院医疗险规定了一个观望期，一般是指从合同生效日算起的90天或180天以内。在观望期内发生的医疗费支出，保险公司不负责赔付。

(6) 赔付分水岭：1年为界

如果投保人买了一定年限的定期寿险，而被保险人在合同生效一年内因疾病导致身故或高残，只可获得相当于投保金额10%的保险金给付以及所缴保险费，保险责任终止。

但在合同有效期内，如果被保险人因为意外伤害，或合同生效一年后因疾病导致身故或高残，则可获得相当于保险金额全数的保险金给付，保险责任终止。

(7) 最佳退保期：2年以后

由于保险公司发生的经营费用大多发生在保单生效的2年内，因此投保寿险的人决定退保的话，也最好在交足保费2年之后，因为未交足2年保费，保险公司要扣除很大比例的费用。业内一般认为，如2年内退保，则投保人的经济损失，几乎是所有分期所交的保费，或者是趸缴保费的30%。

(8) 保单复效期：保险合同中止2年内

如果投保人在中止保险合同后又开始后悔，又想恢复原有的保单，一般情况下，在保险合同中止2年内，投保人可申请恢复，与保险公司达成复效协议，但要补交失效期内的保费及利息。

(9)新旧保单交接期

保险市场政策也在与时俱进，当一个新政策诞生时，必然会导致同一险种的新旧保单之间存在着升级与转换问题，签单时，这是个需要考虑清楚的关键问题之一。

相比于西方成熟保险市场，我国的商业保险历程只有十几年时间，很多法律法规尚不够健全，同样一个险种，老保单和新保单有时差异性就很大。比如，国内关于重疾险的各种规定，就发生了一系列的变化和更新，最近的一次“变化”规定：目前市场上销售的所有重疾险产品，必须遵照新颁布的《重大疾病保险的疾病定义使用规范》重新定义。

也就是说，老保单上列出的重疾病种，有可能与将要推行的“规范”不符，到时候如何理赔将成为悬念。

对于投保人来说，简单的死亡险、意外险似乎无需浪费太多精力，但准备买重疾险、养老险和一些投资型保险时，放眼关注一下宏观保险政策走向是十分必要的。

(10)保单的各种费用

在投资型保险中，尤其要注意保单包含的各项费用，尤其是一些专业素质不太高的代理人，会在推销过程中有意向你隐瞒保单的一些必要费用，而拼命强调这张保单的投资回报价值。

以购买投连险为例，我们可以看到，其一张保单的费用之多已经达到了7项。如果你仅仅看到了这张保单的投资能力，而对于它的各项费用视而不见的话，你终究会有后悔的那一天。

(11)初始费用

即保险公司提供保单销售和其他服务的费用。各保险公司收取方式不同，比如买一份投连险，每年缴费5000元，第一年缴纳的这些保费不是全部进入个人账户，可能只有30%进入个人账户，随后第二、第三年递减，可能到第四年就不扣除初始费了。而趸缴的投连险，大部分公司一次性收取5%左右初始费，也有保险公司不收取初始费用。

(12)风险保费

作为一种特殊的寿险产品，保费进入个人账户后，扣除的第一部分就是风险保费。它通常主要责任是给付身故保险金、意外伤残保险金，甚至附加重大疾病、住院医疗保险等。

(13)账户管理费

维持合同有效的服务管理费用，第一年和第二年收费可以不同。据了解，即将出台的投连险精算规定中要求它必须是一个固定金额，与比例无关。

(14)资产管理费

不同公司规定不同，按账户资产净值的一定比例收取，一般为0.5%至1.5%。

(15)买卖差价

一般在保险公司网站上查询投连险的账户价值，每天都会有个买入价和卖出价。今天如果购买这个投连产品，投入的钱按今天的买入价折算成份数，如果今天想抛出，按卖出价计算。

(16)手续费

投连险包括不同账户，按什么比例投资账户，消费者可以自行设定。一般保险公司会给予每年几次的免费调整权限，超出次数就要收取一定费用。

而在消费者提取投资账户中的现金价值也要交费，前几年费用大概是4%—5%，几年后就几乎为零了。

(17)退保费用

保费第一年退保收取不超过账户价值的10%，此后逐年递减。

第五章　女人似水，健康是源
——女人的健康资本

与男性相比，女性身体相对柔弱，却承载了更多的责任。健康是生命之源，也是生命之本，都说女人如花，健康便是花的根基。想要花朵美丽盛开，一个健康的身体是必不可少的。女性正确认识、调理、保护自己的身体，不仅仅是打造一个魅力女性的需要，也是对家庭和未来负责。

1．健康一生的体检手册

在你的减肥、美容、健身等诸多健康计划里，是不是忽略了体检这项呢？女人总是先想着如何照顾好家人的健康，却很少为自己做一个健康检查计划。是什么阻碍女人去做健康检查？除了她们的自我牺牲精神外，还有很大一部分原因是对健康检查的迷茫。确保健康应该是自己最重要的责任。很多妇女去医院看病时，往往都是已经感觉很不舒服了，结果失去了最佳的治疗机会。

健康检查，即使是健康的女性也需要定期检查，并且随着年龄的增长，检查的项目会逐渐增加。也许很多人每年会去看妇科医生，但是她们从来没想过做一个胆固醇测试或是骨骼密度测试。对于某些疾病来说，提早检查就能提早预防，及早发现就会有助于治疗。

请注意：下面这10项检查，就是你应该做的10项最重要的检查。

(1)临床乳房检查和乳房X光照

检查乳房时，这两种检查都可以检查出是否患有乳房癌。经过这种检查的女性有97%的人至少在5年内不会复发。

从你20岁时就要开始检查，在例行检查的时候医生应该会用手来检查你的乳房。到40岁时，你应该每年做一次乳房X光照。在月经结束后乳房最坚硬的时候是做X光检查的最佳时间。

乳房X线检查是用正规的X线检查。如果你以前做过乳房X线检查，现在又用新的设备来做，那么一定要让医生把你以前的照片和现在的比较一下。

如果检查显示你的乳房有些不正常，比如有小的肿块，医生可能会让你做一个胸部超声波检查或是胸部核磁共振成像。这些检查能够查出肿块是否是硬的肿块，以便确定做活组织检查是否必要。

(2)骨骼矿物质密度检查

检查你是不是有可能患骨质疏松症。根据美国国家骨质疏松症基金会调查，美国老年人中有将近1000万人患有此病，其中80%是女性。

绝经后6--7年，女性会遗失高达30%的骨质。如果绝经后体重低于57公斤，或以前曾吸烟，或成年后有过非外伤性骨折，或有家族病史的话，一定要去做骨骼密度检查。

DXA检查是最精确的骨骼密度检查，也非常安全。你和衣躺在病床上，X射线扫过你的脊柱、臀部和手腕。如果你的骨密度很低，医生会建议你做一个尿检，来测试你骨质流失的速度。

如果你的尿检显示你患有骨质疏松症，医生会建议你每天必须摄入至少1000毫克的钙和400--800Ius的维生素D，也会建议你定期做运动。如果你患有骨质疏松症，医生可能会让你吃一些安妥良或福善美。

(3)结肠镜检查

症状出现之前检查结肠，以预防结肠癌。在结肠癌的早期，90%是可以医治的。

医生建议在50岁的时候要做第一次结肠镜检查。如果你的家人曾经在50岁前患有结肠癌或结肠息肉，你的危险性就更高，应该至少每5年检查一次。如果你做检查的时候没发现任何问题，而你也没有家族病史，那么你可以每10年检查一次。

结肠镜检查是一种非常标准的诊断检查，医生用一个结肠镜——一种有着小小摄像头的工具，来检查你的肠内是否有息肉或其他生长物。

如果发现了息肉，息肉会被切除并进行活组织切片检查。根据结果的不同，你可能做一次手术或是在未来的三年或五年内再做一次检查。

(4) 听力测试

看看你是不是有某种程度的失聪。如果是的话，赶紧采取措施，防止情况恶化。

如果你听别人讲话有困难，或者耳朵里老是嗡嗡响，或者家族有失聪病史，那么你一定要去医院做听力测试。耳硬化症、遗传性失调会导致中耳骨非正常生长，女性比男性更为明显，特别是在孕期的女性中以及15——30岁的女性中更为常见。

听力医生或是耳鼻喉科医生让你听声音时，会要求你戴上耳机，以便检查你区分不同声调的能力。

如果你的听力测试正常，那么以后每2——5年需要做一次跟踪检查。如果测试显示你有非常严重的失聪，你听到正常声音的难度就很大，可能就需要一个助听器了。

(5) 全面眼睛检查

想知道自己是否患有任何眼睛疾病，如视觉转换、白内障或青光眼，一定要做一个眼睛的全面检查。青光眼的治愈率很高。由青光眼引起的视力下降如果发现得早，治疗得当，治愈并不困难。

即使你的视力很好，也应该在40岁时进行一个基础的眼科检查，以后每2年检查一次，一直到65岁。65岁后每年检查一次。如果你有家族青光眼病史，或其他危险因素，那么在40岁前一定要检查。如果你戴的是隐形眼镜，应该每年检查一次。

眼科医生会检查眼压。眼压升高可能是青光眼的征兆。检查视神经来看是否患有脑瘤；检查角膜和虹膜来看有没有问题；看晶状体来判断是否患有白内障；检查视网膜看有没有黄斑点变性——视网膜细胞的恶化。

如果你的视力很差，医生可能会建议你戴眼镜或隐形眼镜。如果你有青光眼的征兆，开始的治疗通常是从眼药水开始，如果不起作用，再用激光治疗和手术治疗。维生素和激光治疗会延缓黄斑点变性的速度。

(6) 牙科检查

根据美国牙科学会调查，此项检查是为了预防口腔癌——美国成年人中最常见的六种癌症之一，并且可以预防牙龈疾病，治疗龋齿。

在乳齿出现后六个月就应该开始进行牙齿清洁和检查，以后每半年进行一次。如果你怀孕了，或是正在服用避孕药，就更有可能患牙龈炎。吸烟者或是每天饮酒 1～2 次以上者，患齿龈疾病和口腔癌的危险性更大。

牙科医生会仔细检查你的牙齿、舌头、口腔的软组织和硬组织、脖子、下巴的部位来看看口腔组织有没有什么不正常的变化。

如果你有牙龈疾病，牙医会建议你每年至少做两次牙齿清洁。你也可能需要做牙斑和牙垢的清洁。如果有非正常的组织生长，牙医可能会做一个活组织检查。

(7) 心脏健康检查

为了确保你没有患上心脏病的危险——这可是女性健康的第一大杀手。有 64% 的女性死于突然性的心脏病发作，之前没有任何的征兆。

20 岁开始要每年进行一次心脏检查。特别是如果你的家庭有高血压病史和先天性心脏病史，如果你是 45 岁以上，如果你体重超重，如果你吸烟，这项检查就尤为重要。

医生会检查你的血压，倾听你心脏跳动的声音。如果你有过胸口痛、呼吸急促，容易疲劳，医生会请你去看心脏病专家，做血压检查和心电图，来帮助确定心脏是否健康，以及以后会不会患心脏病。

如果医生确诊你的心跳不规律或者如果你有心悸的毛病，那可能预示着你的心跳频率不正常，需要进行医治。如果血压高于130/90mmhg，你可能患有高血压。

(8)血脂分析

预防心脏病最有效的方法之一就是检查胆固醇的水平。胆固醇水平升高不仅会增加患心脏病或中风的危险，而且会增加患胆囊疾病的危险。

这项检查最好从20岁开始。如果检查结果是正常的，那么以后至少每五年检查一次，一直到45岁。如果你有心脏病家族史，如果你的胆固醇水平高于200，那么你需要每年做一次血脂分析。

全面的脂蛋白分析会检测出你的血液中总的胆固醇水平和甘油三酸酯。如果你有患心脏病的危险，医生可能会检查你的载脂蛋白B(apoB)水平。

如果你的总胆固醇水平高于200，医生会建议你改变饮食，多做运动来改善胆固醇水平。如果你还有其他危险因素，医生可能会建议你吃一点降血脂药立普妥。

(9)肿块检查

可以尽早地发现皮肤癌。黑色素瘤是一种致命的恶性瘤，在30多岁女人中第二大最常见基底细胞癌和鳞状细胞癌发生频率非常高，但是如果发现早，治愈的可能性接近100%。

30岁时你应该开始做每年一次的皮肤检查。如果你的危险很大，如果你已经患有基底细胞癌或是鳞状细胞癌，如果你有皮肤癌的家族病史，如果你有很多肿块，如果你有雀斑，那么以后要每年检查两次。

皮肤科医生会检查你的身体，包括头皮、耳朵，脚趾之间的皮肤，检查雀斑、肿块和皮肤的生长状况。医生会检查任何大的肿块或是不正常的肿块，甚至做数码图像扫描，这样做可以提供肿块的近距离图像，以便将来做比较。

医生可能会对任何可疑肿块采一些组织样本，并把它们送到实验室进行检验。根据检验结果，为了以后的治疗，肿块周围的组织可能会被切除。

(10) 宫颈抹片检查

这是及早发现宫颈癌的真正的方法，以便能够及时有效地进行治疗。

在过去的50年里，这种病的死亡率已经下降了74%，这主要归功于宫颈抹片检查。

至少要在21岁开始进行这项检查，如果你长有多个乳头，并患有恶性人乳头瘤病毒，每隔一年就要进行一次检查。如果你吸烟或有多个性伙伴，或第一次发生性关系时年龄很小，或患有性传播疾病，应每年进行一次宫颈抹片检查。如果你是30岁以上，请医生为你做HPV检查。

宫颈抹片检查——用棉签从你的子宫颈抹擦一点细胞送到实验室，来检测任何的非正常症状。问问医生是否采用柏氏电脑超薄抹片检查，它是用一只刷子来采取样本，并把细胞贮存在液体中。这种检查比传统的宫颈抹片检查更有效。

如果你的宫颈抹片检查显示你有不正常的子宫颈细胞，医生可能会让你做一个HPV检查。如果测试的HPV呈阳性，那么你可能需要做一个阴道镜检查。如果阴道镜检查显示你的情况不正常，你可能还需要做一个宫颈活组织切片检查。

(11) 其他的特殊检查

①糖尿病

谁需要检查：肥胖的人，胆固醇水平高的人，患有高血压的人，经常感到口渴的人，尿频的人，容易疲倦的人，经常视力模糊的人，或者有家族糖尿病病史的人。

检查的效果：医生会给你做一个血液检查，在你空腹后来测试一下血液中葡萄糖的水平。

多久检查一次：每年一次，如果你第一次的检查结果正常。

②甲状腺问题

谁需要检查：有甲状腺不正常的家族病史的人，或者突然遭遇疲倦、体重增加(或降低)，或抑郁的人。

检查的效果：血液检查会检查促甲状腺激素(TSH)的水平。如果水平低，很可能暗示着甲状腺机能亢进。如果水平高，则暗示着甲状腺功能不足。

多久检查一次：每五年检查一次，或者遵医嘱。

③卵巢癌

谁需要检查：有卵巢癌的家族病史或正在遭受骨盆疼痛的人。

检查的效果：阴道超声波检查，把一个棍子形状的超声波扫描仪植入阴道来寻找卵巢内的任何肿瘤或囊肿。

多久检查一次：遵医嘱。

2.女性私处健康自测

女性如果能对自身健康自我分析，那么生活中就可以避免很多不必要的麻烦，从而注意日常保健，达到预防疾病的目的。

(1)阴道的构造是怎样的?

①一般阴道大小从开口至子宫颈大约有7.5公分，但是在性交时，它的容量是有弹性的，可以容纳任何大小的阳物进入。

②阴道内部距阴道口约三分之二阴道长度的区域，较之阴道前端要敏感得多。

③虽然不是所有的女性都有G点，但有G点的女性，它的位置通常是阴道前壁，距阴道口3公分左右的地方。

④一般来讲，阴蒂的末梢就像阳具的阴茎头一样有较多末梢神经，阴蒂的大小约为0.16公分宽和0.16公分长。

⑤持久的性活动会让阴道维持弹性，让阴道一辈子都可以进行此种性活动欢愉。

(2)如何分辨分泌物是否正常?

不正常的分泌物呈微黄至绿色，发出腥味；正常的分泌物则是较纯呈白色，黏度视月经周期的阶段而定，在排卵期较少且干净，排卵期结束后较多。女人多少都会有一定量的分泌物，如果以前不曾发生而是最近才有的现象也不必惊慌，不了解的女人会以为自己染上疾病，但这是正常的，除非出现痛痒、发热或有发出异味的情形，否则就不必在意它。

(3) 阴道内的细菌很多，该如何分辨其中何者是酵母菌、细菌或滴虫呢？

酵母菌感染最常出现的症状是阴道周围的搔痒症状；阴道内细菌的感染则多是经由性交感染，会出现阴道内发红发热、有黏稠状异味的分泌物；至于滴虫感染也是经由性交传染，会出现黄色或绿色的分泌物。后两者的治疗方法都是使用抗生素，如果不加治疗，细菌感染会引起骨盆腔发炎，严重者将导致不孕；如果在怀孕期间感染滴虫而不治疗则有可能导致早产。

(4) 子宫内避孕器和杀精剂对身体会造成不良影响吗？

使用子宫内避孕器的女性，易患泌尿与生殖系统方面的疾病及受到酵母菌感染，因为避孕器是固定在子宫内，在性交后六小时内，细菌容易游离到膀胱而引起感染，而杀精剂的功能在杀死精子，也可能引起过敏反应。

(5) 乳胶保险套过敏，该如何解决呢？

虽然乳胶保险套的功能在提供最好的保护作用，避免人体免疫缺乏病毒的侵犯，但对于会引起过敏的人，医生建议可改用聚氨酯材质的保险套，一般药房都可以买得到，但缺点是它比乳胶保险套避孕和抗菌效果略差。

(6) 感染性病的征兆是什么？如何知道自己有没有受到感染？

最好的方法是由检查得知，如果你是个性生活很活跃的人，应该每年定期做一次检查。你也应该接受有关淋病的检验，及每年做一次子宫抹片检查，以预防子宫颈癌的病毒隐伏在阴道内。

(7) 阴道出现肿块时，如何判断它到底是属于疱疹、性病、肿瘤还是其他病症呢？

如果一旦发现阴道中出现以前从未见过的肿块，一定得立即让医生检查，大部分的肿块都无害，很快会消失，但一些属于因为性行为传染的疱疹和肿瘤等，可能就很难用肉眼看得出来了。

(8)女性的阴部外表上会不同吗?

个人阴部的差异就像每个人的脸孔一样，以嘴唇来说，就有厚唇、薄唇和松软的唇，以色泽来说，有人的阴唇色是明亮的粉红色，有人则呈现暗棕色，或是粉红色中带棕色斑点等，所以当然会不一样。

(9)阴毛的比率多少才算是太多?

并没有任何研究显示阴毛多寡会引起任何的危险，阴毛的疏密纯粹是个人美观的问题，如果觉得太密对你是一种困扰，可以剪短一些，但不必把它刮掉，因为如此会导致保护丧失，容易使细菌进入毛细孔内，使皮肤受到感染，出现小红疹。

(10)生完小孩后,阴道能回复到以前的大小吗?

阴道是一个弹性很大的器官，它的肌肉可扩张大到足以容纳一个新生儿通过，小到即使男性阳物进入时还是感到很紧，所以生产后，只要每天勤快的做一些阴道收缩的运动，一段时间后，它就会逐渐回复缩小。至于能否回复原样，则视你生产次数多寡，以及婴儿的大小而定，你生产次数愈多，肌肉收缩回复原样的困难度就愈高。

(11)阴道会因为性交次数太频繁而扩张吗?

阴道的二头肌不会因为你经常运动而扩大，同样的，你的阴道也不可能因为性交次数太频繁而扩大。阴道只会随着进入的阴茎撑大至可容纳的大小，不会再扩大。

(12)阴道到底可不可以冲洗,太注重清洗会有不良影响吗?

除非医生指示，最好不要用清水以外的药剂冲洗阴道，因为阴道中的细菌有一定的功能，冲洗会破坏其中的酸碱均衡，可能会杀掉健康的细菌而受到感染，所以正确的观念是每天用清水冲洗外阴部，但切勿用抓或搓；另外，如果你有用卫生护垫的习惯，记得要经常更换，以保持外阴部表面的干燥。

(13)当染上阴道方面的疾病,如何知道是否可以使用药物来预防?

专家表示抗菌药物能提供有效治疗,但如果你是初次感染,以前从未发生过,最好先让医生诊断确实;若你已认清阴道相关的症状,直接使用药物就会比较安全,如果在七天内未获改善,再寻求医生的协助。

至于抵抗感染的药物种类,不论是涂抹或口服药效果都差不多,差别只是疗效持续时间的长短。医生建议,如果你是处于感染初期,先进行一天的治疗;如果病情略严重,则进行三天的治疗;如果感染情况相当严重,最好连续治疗七天,另外有一种口服抗生素对抗菌也相当有效,唯要经医生指示服用,通常可以在二十四小时内治疗,但可能出现一些如头痛、作呕等副作用。

(14)何种体味才是正常?

我们都错误地认为自己应该散发出像花般的清香,但我们毕竟不是花,而是女人,所以就该有女人的味道,也就是说我们天生都有一种女性体味。味道因人而异,即使不在月经期间,味道也不见得绝对芬芳,从甜味到腥有可能,当然也不应该有闻起来像死鱼般的气味,尤其要了解,当你的体内出现异味时有一定的原因,通常可能是疾病出现的征兆,也可能是阴道清洗方式错误所造成。

(15)除了卫生习惯和疾病之外,还有哪些原因会影响体味?

体味主要是阴道的变化所造成,它可能受到以下因素的影响:

怀孕——动情激素升高会导致阴道内的变化。

流汗、压力——压力大时会加速阴道部出汗。

(16)能用阴道除臭剂吗?

千万不要,除臭剂会引起过敏反应,刺激阴道内有害细菌的滋长,导致疾病发生。

3.警惕当今白领十大职业病

坐在高高的写字楼里，每天不用日晒风吹，长年恒温的办公环境……白领的工作让许多人都羡慕不已。但恰恰是这样看似优越的条件背后却隐藏着生理和心理上的危机，长时间接触电脑、不规律的生活、长期保持一个姿势等，这些都威胁着白领们的健康。

目前白领遇到的这些病症，并没有被列入法定的职业病范围之内，只能算作是与工作相关的疾病，因此，也就不属于劳动行政部门工伤保险赔付范围。那么危害白领身体健康的相关疾病都有哪些呢？

(1)干眼症

电脑是现代办公不可缺少的一个工具，长时间地盯着电脑屏幕，就会对人的眼睛造成损伤。近距离用眼容易造成视物模糊、复视、文字跳跃走动等；眼困倦，甚至眼睑沉重、对光敏感及眼球和眼眶周围酸痛或疼痛、眼干、异物感、流泪等。

对策：工作时，灯光从侧面照射，光强要适当；每隔一个小时后就要休息10分钟，看看窗外的绿色；每天做两次眼保健操。

(2)鼠标手

人在使用鼠标时，腕关节背屈约45°~55°，这就会牵拉腕管内的肌腱使其处于高张力状态，加上手掌根部支撑在桌面会压迫腕管。手指的反复运动容易使肌腱、神经来回摩擦，容易引起大拇指、食指、中指出现疼痛、麻木、肿胀感，还会出现腕关节肿胀、手部精细动作不灵活、无力等。反复机械地集中活动一两个手指，会拉伤手腕的韧带，导致周围神经损伤或受压迫。

对策：每工作一小时就要做一些握拳、捏指等放松手的动作。电脑桌上的键盘和鼠标的高度，最好低于坐着时的肘部高度，使用鼠标时，手臂不要悬空。要尽量靠臂力移动鼠标，不要过于用力敲打键盘及鼠标的按键。

(3)骨骼损伤

长期保持一个姿势，对骨骼肌肉造成损伤。主要表现手、肩关节及腰痛，发生的顺序分别是颈、肩、腰背、臂、腕。

对策：工作台、椅的高度，前臂与上臂、大腿与小腿成90°角左右为宜。工间休息做保健操等。

(4)手机肘

患“手机肘”的人大多是平时接打手机、发送短信的时间超过4个小时的人。“手机肘”早期表现为肘关节疲惫麻木、疼痛，胳膊有时抬不起来。症状较重者为持续性疼痛，手臂无力，甚至持物会掉落，在前臂旋转向前伸时，也常因疼痛而活动受限。

对策：打电话时应尽量使用耳机，或尝试“左右开弓”地打电话。打完电话后应进行适当的活动，还可以用毛巾热敷以缓解肌肉紧张。

(5)键盘腕

主要症状表现为手腕、拇指、食指及中指的麻木和疼痛，常感觉大拇指笨拙无力，拇指、食指、中指感觉迟钝和异常，如果让患者将两手搁在桌子上，前臂与桌面垂直，两手腕自然屈掌下垂，大约一分钟即可出现食指和中指的麻木。

对策：应将腕部垫起，避免悬腕操作。工作一个小时左右活动一下腕部；治疗时，应该暂停使用电脑。

(6) 失眠

白领的工作经常要处在一个高度紧张的状态中，再加上睡眠不规律，难免造成神经紧张和过早衰老。

对策：按摩治疗是行之有效的方法。抹额：以两手指屈成弓状，第二指节的内侧面紧贴印堂，由眉间向前额两侧抹，约40次左右。按揉脑后：以两手拇指螺纹面，紧按风池，用力旋转按揉，随后按揉脑后，约30次左右，感到酸胀为宜。

(7) 胃病

工作压力大，还要经常熬夜，常常饥一顿饱一顿。久而久之，跟胃有关的疾病接踵而来。

对策：除了常备胃药以外，还可以用椒面粥、糖酒鸡蛋、茴香粳米粥等食疗方法来缓解胃病症状。

(8) 屏幕脸

长期面对电脑屏幕，不知不觉中会生出一张表情淡漠的脸，影响日常的人际交往，且容易产生人格障碍与性格异常。另外，屏幕辐射产生静电，最易吸附灰尘，虽然电脑屏幕产生的辐射量虽小，但日积月累会损伤皮肤，产生色斑，眼周肌肤也会出现松弛、鱼尾纹、眼袋和黑眼圈。

对策：操作电脑时，身体与电脑屏幕应保持不少于70厘米的距离。最好配置一台辐射较小、没有眩光、显示稳定的电脑，液晶显示屏更好。同时，电脑桌椅要调节到最适合自已的状态。

上机时要涂防护产品，如隔离霜、粉底等，最好使用电脑防护屏。上完网后，一定要用温水和洁面液彻底清洗脸部，再涂上温和的护肤品。

要避免在多台电脑的环境里工作。准妈妈们最好能限制用电脑的时间，尤其在怀孕前3个月致畸的高危时期。

(9)脑力疲劳

长期用脑进行采访和写稿，容易引起脑的血液和氧气供应不足，常感到头昏脑涨、食欲不振、记忆力下降、注意力不能集中、大脑出现疲劳感。

对策：多梳头，多喝水，放松神经，做几次深呼吸，每次大约3分钟—5分钟，吸气时腹部缓缓鼓起，呼气时腹部慢慢凹下，持续5分钟—10分钟。经常运动，每周散步3—4次，每次30分钟—45分钟，或一星期进行3—4次温和的户外活动，每次30分钟。

(10)压力导致心理病症

除了上述身体的病症之外，在心理上，白领们也出现了一些与工作相关的问题。职场网高级职业咨询师，职业“五方”职业咨询方法体系创建人张涛老师指出，导致白领心理方面职业病的原因，罪魁祸首就是压力。

另外，如今已经不是以“吃饱”、“生存”为目标的年代，实现自己的价值，追求品质生活是人们奋斗的重要目标，难以“无欲则刚”的人们，生活成本快速提高，快过了收入能力的提高速度，经济压力随之而来。

病症一：职业倦怠

长时间高强度工作；工作没有阶段性成果，；长期从事重复性工作；工作与职业兴趣严重冲突等，都会引起这种不良职业心理状态。解决这类问题最重要的，是找到引起倦怠的原因，从行为上突破目前的不良状态。同时，通过自己的其他兴趣爱好，来调节心理状态。

病症二：星期一综合征

这实际是因压力、倦怠所导致的一种普遍的职业心理亚健康状态，很多职业人在星期天的晚上开始莫名其妙地烦躁，星期一精神萎靡，很难进入工作状态，效率低下。要解决此类问题，做好计划是最重要的。

很多朋友总是觉得周末一晃而过，周一焦头烂额，都是因为缺乏计划而致。但是，还有些朋友陷入星期一综合征的怪圈，是因为上面所述职业倦怠所导致，而且比例在逐渐上升，要调节首先就要解决自己职业倦怠的问题。

其他还有很多职业心理亚健康的症状，例如信息焦虑症、微笑性抑郁症等，都与职场人的工作强度、成就感、职场人际以及职业兴趣相关。调节的方法，首先要正视自己的问题，找到问题究竟出在了哪里，通过游戏、玩乐等方式，只能是逃避。希望大家都能积极地面对问题，做一个快乐的白领丽人。

4.六大女性常见病

某体检机构对从业女性进行了体检，发现宫颈炎成为女性体检中最高发的疾病。部分医院的妇科病房里，40%～50%的女性是盆腔炎患者。此外，乳腺癌、卵巢癌以及心理健康问题也在危害着女性的健康。阴道炎、宫颈炎、盆腔炎……现代女性在面临来自生活和工作双重压力的同时，还要忍受各类疾病的“围攻”。相关专家就女性常见疾病作出指导，呼吁女性朋友应关注和维护自身的健康。

(1)阴道炎

阴道炎是女性最常见的妇科炎症之一。在妇科门诊里，阴道炎患者的比例占1/5左右。

目前很多女性的阴道炎恰恰是由于过分“关注”引起的。由于现代女性一般自我保健意识比较强，比较依赖各种阴道冲洗液。殊不知，这些洗液会破坏女性阴道内的平衡，杀灭其中有自净自洁作用的乳酸杆菌，导致白色念珠菌(也就是霉菌)、球菌、支原体等致病菌“抬头”。此外，多个性伴侣、滥用抗生素以及糖尿病等情况，都使女性患阴道炎的概率增加。

专家提醒，无论是强酸的还是强碱的冲洗液都会破坏阴道平衡。除了洁身自好外，女性最好每天用清水冲洗外阴，性生活前、经期更要重视外阴清洗。

另外，很多女性得了阴道炎后，自行到药店买药治病。然而，疾病却是好了几天又复发，而且原来有效的药物也“失效”了。医生指出，如果阴道炎患者用药不彻底、不规范，结果导致耐药和疾病治疗不彻底，阴道炎就容易反复发作。另外，有的阴道炎是需要夫妻双方都用药以及进行外阴清洗的。医生建议，患了阴道炎后最好到正规医院就诊，并按医嘱用药，必要时夫妻要共同用药。

(2)乳腺癌

目前乳腺癌已上升到女性恶性肿瘤发病率的第二位。早期诊断乳腺癌，既可降低乳腺癌的死亡风险，又能有效降低治疗代价，而且还能减少女性乳房被切除的可能。

对于近年来被广泛推荐给女性的乳腺自检，专家却并不认可。因为没有证据表明包括乳腺自检在内的临床体检可以降低乳腺癌的死亡率。

专家建议，适合我国妇女的乳腺癌早期发现技术应该是乳腺钼靶加全乳超声检查。建议35岁以上的女性朋友应坚持定期乳腺专项检查，每一到一年半检查一次，尤其是那些乳腺癌发病高危人群更应充分重视。此外，还要了解早期乳腺癌的症状，一是乳头溢液；二是经久不愈的乳头皮肤糜烂。一旦发现有如上症状，专家建议立即到专科医院就诊。

(3)宫颈糜烂

宫颈糜烂一度因为被怀疑可致宫颈癌，不过目前医学研究已排除了二者的相关性，认为二者并不具有直接关系。

其实大多数宫颈糜烂都是假性糜烂，是黏膜外移引起的。

宫颈癌也是女性该重点防范的高发癌症之一。宫颈涂片检查是筛查宫颈癌的有效手段之一，建议女性在35岁之后每年做一次宫颈涂片检查，如果连续3年都没问题，可以延长检查时间，每一年半到两年检查一次。

专家还指出，目前正是看准一些患者闻癌色变的心理，有的小医院甚至小诊所声称可以使用干扰素(即胸腺肽)治疗宫颈癌，其实这对治疗作用不大，建议患者还是到综合医院或专科医院进行正规治疗。

(4) 盆腔炎

盆腔炎包括子宫内膜炎症、卵巢炎、输卵管炎等多个炎症。辛茜庭介绍，盆腔炎一般是首先急性发作，这时疾病好诊断，使用清热解毒的中药或是抗生素治疗就可以解决问题。但如果治疗不及时、对疾病不重视，急性盆腔炎就可能转化为慢性炎症，即盆腔炎后遗症。到了这个阶段疾病就很难治愈了，而且会反复发作，还可能造成输卵管粘连，导致不孕或宫外孕。

专家提醒女性，一旦出现上述急性期症状，或是下述症状：小腹一侧或两边都疼痛，经期、劳累、遇冷、性生活后疼痛，或是灼痛、胀痛以及腰酸痛，最好及时到医院看是否患上了盆腔炎，争取在急性期就把盆腔炎根治。目前西药治疗对盆腔炎效果并不理想，建议寻求中草药治疗，效果比中成药更好。有的病人发作急性盆腔炎后自己到药店买药治疗，容易拖成慢性的。

要预防盆腔炎，除了避免不洁性生活外，还要尽量少做人工流产，经期少坐在湿冷的地方，心情抑郁也容易使女性患上盆腔炎，因此女性朋友要学会调节自己的情绪。

(5) 卵巢癌

卵巢是肿瘤最易发生的器官，在妇科三大恶性肿瘤中其发病仅次于宫颈癌。而且，卵巢恶性肿瘤可发生于任何年龄！而且，因为卵巢肿瘤深藏于盆腔，不容易被发现，70%～80% 的就诊者已到了晚期。

为早期发现卵巢癌，专家提醒，卵巢癌主要危险因素是遗传和家族因素(20%～25% 的卵巢恶性肿瘤患者有家族史)、环境因素(怀疑与饮食中胆固醇含量高可能有关)。此外，未孕妇女卵巢癌发病率比较高。因此，有上述高危因素的女性，最好多吃高蛋白、富含维生素 A 的饮食，避免高胆固醇食物。30 岁以上妇女每年应进行妇科检查，高危人群最好每半年检查一次，如果能配合 B 超等检查更好。

另外，年龄在40岁以上的女性如果出现下述不适应特别警惕：腹部不适感，包括消化不良、腹部发胀、腹增粗、感觉裤腰紧小，尤其在进食后肠胃胀气、月经量增多或月经紊乱。

(6)强迫症

除了上述生理问题外，现代女性面临的最突出的心理问题是强迫症。此外，人际关系异常、焦虑也是当代女性面临的主要心理问题。佰众体检心理医生分析，近些年，强迫症患者的职业和年龄都出现了明显的变化，年轻白领女性发病率越来越高，这和现代社会的竞争日趋激烈有关，职场女性跳槽率明显升高，不断适应新的工作的过程中心理压力增加，高度紧张的工作生活节奏和过度的压力导致了具有强迫心理的人越来越多，这也是强迫症发病率不断上升的直接因素。

因此，专家提醒女性尤其是职业女性，要学会舒缓压力，可以通过音乐、读书、锻炼、瑜伽、和朋友聊天等方式来舒缓自己的压力。

5. 好身体，睡出来

女性睡眠周期的好坏受月经、怀孕、分娩和更年期的激素分泌变化的影响，在各个生理阶段，睡眠都会遭遇不同程度的紊乱甚至破坏。

而且，女性比男性进入和保持深睡眠的难度几乎高出一倍。所以，根据女性独特的生理特征，每天所需要的睡眠时间应该要比男性至少多15 分钟才能满足第二天的脑力和体力能量需求。

但是，现在绝大多数女性同时肩负工作和家庭的重任，生理特征带来的睡眠问题加上外来压力导致的睡眠障碍，双重的困扰就像蜡烛两头燃烧一般。几乎人人都在经历、或者曾经经历过睡眠不足或者睡眠质量低的情况。所以，一些医学研究者形容女性可能是地球上被剥夺睡眠最多的生物。

(1)睡得少，胖得快

如果你是那种体重容易波动的人，就要特别小心。当一夜的睡眠不足5 小时时，会导致身体的激素分泌水平减小，这种改变能影响人体对碳水化合物的需求与肌肉中脂肪的比例，也就是说让摄入的碳水化合物更容易转变为脂肪。

除了激素变化因素，还有一个原因是当你醒着的时候饥饿感增加，而且会延续到第二天的整整一天。大脑不断发出“该加油了”的刺激信号，于是靠喝咖啡或苏打水、吃味道重的食物来提神，这样反而让情况更糟糕。肥胖只是第一步，如果不控制，糖尿病的威胁便会悄悄靠近。

(2) 少睡 3 小时，免疫力下降 50%！

还记得你得了感冒后总是觉得昏昏欲睡的样子吗？睡了一大觉后感觉就好多了，这是身体的自我保护性反应，通过睡眠抑制其他机能，突出免疫机能。因为身体免疫调节大多在夜间完成，能够让你抵御感染。

当你睡眠不足时，白血球——机体的免疫细胞没有足够的时间和活力发挥功效。如果经常每晚睡眠低于 5 小时，身体对病菌的抵抗能力会下降 50%！就是说你有双倍的机会被身边带菌环境感染。更糟糕的是，你需要更长的时间才能痊愈。

(3) 失眠感不等于失眠症

难道我们真的到了“人人都有失眠症”的时代了吗？当然不是！大部分认为自己患失眠症的人其实是睡眠不足或者睡眠质量低。尽管对失眠症的诊断并没有一个确定量化的定义，不过，并不是当你的睡眠时间少于大多数人的平均睡眠时间就是失眠。

所以，失眠感不等同于失眠症，失眠症需要经过医生诊断，然后在医生指导下(有时候还要借助药物)进行治疗，而失眠感则完全可以通过自我调节进行改善，从而获得充足、良好的睡眠。

你是有失眠感还是真的需要去看失眠门诊呢？失眠是一种睡眠的质与量都不满意的状态，具体来说就是：

入睡困难，就寝后 30 分钟还不能入睡；

睡眠不安稳，容易惊醒，而且每次惊醒的时间超过 30 分钟；

早晨醒得过早，而且一旦醒来就再也睡不着。

如果出现上面其中一种情况，同时起床后觉得浑身乏力、头脑不清醒、头晕头疼等状况，而且这种状态长时间持续出现，才称得上失眠症。

换句话说，一个平均每晚都睡 8 小时的人，如果只睡了 5 ~ 6 小时，就可能会出现失眠的感觉。但是一个平均每晚只睡6 小时的人，只要第二天觉得头脑清醒、精力充沛，那就是正常的睡眠。

(4) 经行嗜睡是怎么回事？

经行嗜睡是指妇女每遇经行前后，或适值经期，不分昼夜，时时欲睡，呼之能醒，醒后复又欲睡的病症。又称“经行多寐”“周期性睡眠过多症”等。

有的妇女虽然忘记了来月经的日期，可她有经行嗜睡的特有症状，届时自然就知道月经又要来潮了。这种病象的出现与妇女的体质禀赋有一定关系。平素体胖、浮肿或贫血的妇女，或平时大便偏稀的妇女，在月经来潮前就会感到困倦乏力，只想睡觉，甚至迷糊不醒。

中医学认为，经行嗜睡多由脾虚湿困、气血不足、或肾精亏损所致。

由脾虚湿困引起的本病象，多数形体肥胖，常伴浮肿，动则气喘，食欲欠佳，胃脘满闷，白带量多，质黏而稠。经行之际精神疲惫，头重如裹，四肢沉重，困倦嗜睡。舌苔白腻，脉象濡缓。

可用《医方集解》太无神术散治疗。苍术、陈皮各12 克，藿香、厚朴、石菖蒲各10 克，生姜3 片，红枣10 枚。水煎服，每日一剂，经前5 天开始服药，经至后停服。

由气血不足引起的经行嗜睡，多见于素体虚弱的妇女，表现为少气懒言，倦怠乏力，头晕作眩，心悸不安。月经量少，色淡质稀。经行之际昏昏欲睡，每以进餐后尤甚。面色萎黄，舌淡苔白，脉沉细无力。

可以用中医传统名方十全大补汤加减治疗。党参、白术、茯苓、甘草、当归、白芍、熟地各10 克，黄芪30 克，肉桂、川芎各3 克。水煎服，每日一剂。于月经前开始出现嗜睡时服药，服至月经干净，一般以每次连续用药5 ~8 剂为宜。

由肾精亏损引起的经行嗜睡，多见于频繁人工流产的妇女。主要临床表现有，经行倦怠善眠，耳鸣耳聋，神情呆滞。平日精力不支，腰膝酸软。月经多延后，经量偏少。舌淡苔白，脉沉细弱。

凡肾精亏损为患，多数病程迤逦，治疗难以朝夕获愈，多采用河车大造丸，效果尚属满意。处方：紫河车30克，熟地24克，炒杜仲、天冬、麦冬、牛膝各10克，龟板10克，黄檗6克。共研细末，炼蜜为丸，每丸重10克，早晚各服一丸。

经行困倦嗜睡的妇女，平时要注意加强体育锻炼，如慢跑、打球、打太极拳等，选择自己喜欢的一种锻炼方式，长期坚持。在饮食上要少吃甜腻与高脂肪的食品。夏天可适量多吃一点西瓜，冬天可多吃一点甜萝卜，平时也可用赤小豆、薏米仁煮粥喝。一般说来，有经行嗜睡的妇女，只要在生活上注意，并按时在医生的指导下服用药物，都可以取得满意的治疗效果。

(5)你不可不知的夜间美肤时钟

21：00~23：00 睡前保养期——淋巴排毒

晚上9~11点为免疫系统(淋巴)排毒时间，同时也是身体免疫系统修复的时间。在这段时间内，应该完成肌肤晚间清洁保养，准备随后进入睡眠状态。

23：00~1：00 浅眠期——最佳修复时机

晚上11点之后，是细胞生长和修复最旺盛之际，细胞分裂的速度要比平时快8倍，因而肌肤对护肤品的吸收力较强。

1：00~2：00 深睡期——肝脏排毒时期

这段时间内，肝脏为排出毒素而活动旺盛，因此应让身体进入睡眠状态，让肝脏得以完成代谢废物，帮助清除体内和肌肤中的毒素。

(6)少睡给肌肤带来的5大伤害

伤害1：肌肤干燥缺水。

肌肤没有得到正常的休养，会影响到自身的锁水机能，使皮肤严重缺水，同时，因无法保证养分的供应，皮肤会营养不良，导致干燥、脱屑甚至细纹等状况出现。

伤害2：局部色素沉积。

眼睛最容易泄露你的生活作息时间。一旦熬夜、疲倦，黑色素就会毫不留情地爬上你的眼窝。睡眠不足会使眼睛疲倦，使身体内血液循环不佳，而黑眼圈的产生就源于此。

同时，因循环不周，大量的毒素及黑色素都无法正常排出体外，长此以往也会导致面部色斑的形成。

伤害3：油脂分泌过量。

经常睡眠不足，会使皮肤自身的新陈代谢发生变化甚至紊乱，从而导致肌肤油脂分泌异常，过多油腻如果无法被及时清洗掉，则会引发一系列的肌肤问题。往往在此时，你会觉得两颊十分干燥，而T字带和额头、下颌却因出油过多而阻塞毛孔，导致毛孔粗大，生出痘痘和粉刺。

伤害4：肌肤粗糙老化。

我们睡眠时释放出的生长荷尔蒙会影响皮肤生长的某些特定因素，皮肤细胞复制得快些，骨胶原及角蛋白的制造亦同时加快。美国的一项研究显示，当睡眠时间不定，荷尔蒙的高低亦会随之波动，这与肌肤的粗糙有很大关系。

另外，当皮肤微血管得不到充足血液时，皮肤细胞组织的新陈代谢会因皮肤缺乏营养而受到很大阻碍，随后迅速衰老。

伤害5：肤色暗沉无光。

皮肤之所以有鲜明的光泽，是因为皮肤的真皮和皮下组织微血管提供了足够的营养。而睡眠不足的人，常常出现皮肤表面微血管血液循环淤滞现象，使皮肤变得晦暗或显得苍白，失去应有的红润光泽。

(7)美人是睡出来的

你知道怎样使皮肤看起来更加健康、圆润、平滑而充满弹性？

答案很简单：一夜充足的睡眠。这个结论并非凭空想象。

《皮肤医学研究周刊》登载的一份报告显示，睡眠充足和患失眠症的女性在皮肤上出现了同样的伤口，失眠女性皮肤表面的保护层愈合较慢，比正常所用的时间长20%，而皮肤对外界过敏物质和细菌的抵抗能力也在下降。

缺少沉睡的人，成长荷尔蒙量较正常人少，皮肤变薄，分泌油脂的皮脂腺变小，皮肤越来越干燥。严重缺乏成长荷尔蒙会导致头发稀疏及脱发。

皮肤科医学博士拉卡尔达认为：越来越多的人睡眠不足或长期被失眠所困扰，荷尔蒙分泌紊乱，加重了痤疮和粉刺的形成，同时，肾上腺素分泌量提高引起血压升高，再通过健康的动脉血管传递到全身，皮肤表层的供血量减少，皮肤显得苍白、黯淡，毫无生气。

记得拜伦说过："早睡早起最能使美丽的脸鲜艳，并降低胭脂的价钱——至少几个冬天。""睡美人"总是给人一种静谧甜美的感觉。睡美人，顾名思义，美人是睡出来的。充足的睡眠是美丽的前提。面部是表现美的直观部位，所以保持面部的美丽十分重要。

现代MM似乎都缺少睡眠，其实睡眠对一个人的机体和美容至关重要，可以说任何化妆品和饮食都比不上睡眠对肌肤的保健作用大。

医学研究表明，人表皮细胞的新陈代谢最活跃的时间是从午夜至清晨2时，而熬夜是最能毁容的，因为彻夜不眠将影响细胞再生的速度，导致肌肤老化，这种恐怖的后果会直接反映在女士们的脸庞上。因此，女士们如想保持自己面部皮肤好，务必养成在午夜11时前入睡的习惯。

小贴士：提高女性睡眠质量的六个建议

许多事情都会影响女性睡眠质量。德国的格罗斯汉斯多夫睡眠障碍治疗医院院长霍尔格·海因博士为提高女性睡眠质量提出了六个好建议。

足部保暖：研究结果表明，双脚凉的妇女的睡眠质量比足部舒适暖和的妇女要差，这类女性可以穿着厚袜子睡觉。

不开窗：引起人们过敏的物质和影响睡觉的噪音通过开着的窗户进入卧室。所以要关上窗户睡觉。

晚上不打扫卫生：清扫房间使用的喷雾剂和化学清洁剂都可能刺激呼吸道，从而影响睡眠，在早晨打扫卧室。

卧室里只能摆放郁金香：卧室里不能有花卉，因为它们能引起人们的过敏反应。卧室里只允许摆放郁金香，郁金香不会有引起过敏反应的危险。

擦掉化妆品：带着化妆品睡觉会导致皮肤发炎，夜间抹香水的人，应该考虑到引发哮喘的可能性。

每天多睡15分钟：妇女每天所需要的睡眠时间比男子多15分钟。

6.12 因素，引来乳腺癌

乳腺癌是危害妇女健康的主要恶性肿瘤，其发病率过去以发达国家最高，近20年则无论在发达国家还是在发展中国家，包括我国，均呈上升趋势。

专家们表示，虽然乳腺癌的确切病因仍不十分清楚，但对危险因素的研究已取得了长足进展，可为预防乳腺癌提供若干依据。

(1) 月经

月经初潮早，规律性月经建立时间短，以及绝经年龄晚，是乳腺癌的主要危险因素。

据统计显示，初潮年龄在11～13岁者发生乳腺癌的危险比17岁后月经初潮的妇女高2～3倍。绝经年龄大于55岁者比小于45岁绝经者患乳腺癌的危险性增加3倍；绝经年龄小于45岁的妇女患乳腺癌的危险性仅为绝经年龄大于50岁妇女的1/3。行经40年以上与行经30年以下者相比，其发生乳腺癌的危险性增加一倍。

另有研究表明，双侧卵巢在35岁前切除与自然绝经相比，其患乳腺癌的风险大约降低60%。

(2) 生育

大量研究显示，初产年龄晚、产次多、足月产次少，均是乳腺癌的危险因素。30岁以后妊娠者，患乳腺癌的危险性要比20岁妊娠者高25倍。生育3～5胎者比生育1～2胎者乳腺癌的发病率高5倍。第一次生育在35岁以后与第一次生育在20岁之前妇女相比，其患乳腺癌的风险增加3 倍。生育者比未生育者患乳腺癌的危险性小，但差异不大。

哺乳可降低乳腺癌发病危险，因哺乳期内分泌的改变，不利于乳腺上皮细胞的癌变。

(3)流产

对此因素尽管有争议，但一些专家的观点值得重视：在至少怀孕一次的妇女中，有人工流产史者，患乳腺癌的危险性比其他妇女高50%。这种危险性的增加，不随人工流产次数或妊娠史而变化。研究表明，流产年龄小于18 岁或大于30 岁者，患乳腺癌危险性大1.75 倍。

(4)饮食

高脂肪、低纤维素饮食，腰围与臀围比值大，体脂含量高等因素，可增加乳腺癌的发病率。

国外学者报道，高脂肪、低纤维素饮食患乳腺癌的风险，是低脂肪、高纤维素饮食者的2 倍。发胖年龄越早，患乳腺癌的危险性越大，肥胖是发生乳腺癌的危险因素。

美国妇女膳食中40% 为脂肪，故易患乳腺癌。我国城市调查表明，牛奶、奶制品摄入过多，是女性乳腺癌的危险因素。脂肪会使雌激素与催乳激素升高，从而刺激乳腺上皮细胞恶变，故脂肪有促癌作用。绝经后妇女肥胖者，患乳腺癌的危险性远比体瘦者高。

乳腺癌的危险性还随腰围与臀围的比例(正常值在0.87 以下)增加而迅速增加，且与绝经前后无关。绝经期后妇女体脂发生变化，体脂体重和非体脂体重的升高，均增加乳腺癌的发病率。另外，身材高大的女性患乳腺癌的风险比矮小者高2 倍，主要是因为生长激素有促癌作用。饮用绿茶，服用β胡萝卜素，以及食用大豆、白菜，均可降低体脂、体重，减少乳腺癌发病率。专家建议少食脂肪，尤其是饱和脂肪酸。

(5)家族史

研究表明，妇女有第一级家族乳腺癌史者，其患乳腺癌的危险性是正常人的 2～3 倍，同时这种危险性又与家属乳腺癌的发病年龄，以及单侧或双侧病变有关。从总体上看，有发病年龄小以及双侧乳腺癌家族史者，发病危险增加。

(6)烟酒

许多专家认为，女性吸烟是乳腺癌的危险诱因。加拿大专家指出，尤其青春期妇女，吸烟者与不吸烟者相比，其患乳腺癌的危险性更大，概率高出2/3。月经初潮后5年内开始吸烟的女性比不吸烟者患乳腺癌的风险增加69%。

吸烟一方面增加雌二醇在肝脏的代谢，使其血清浓度下降，从而降低患乳腺癌的危险；另一方面，吸烟后的代谢产物直接损害乳腺上皮细胞，导致乳腺癌的发生。但总体来看，后者的作用远远大于前者。

据报告，吸烟妇女非哺乳期乳汁中存在着诱癌物与辅助致癌物。

(7)放射线

放射线与乳腺癌发病有关，其危险性随照射剂量增加而增大。早在二战结束时，受美国在日本广岛与长崎投掷的原子弹爆炸影响的幸存者中，乳腺癌发病率大为增高。临床观察发现，接受放射治疗与检查者，乳腺癌发病率均增加。年龄越小，射线导致乳腺上皮细胞癌变的危险性就越大。故应加强对放疗病人的随访。

(8)激素

长期进行雌激素替代治疗，可增加乳腺癌危险性，尤其是更年期妇女长期应用雌激素替代治疗者。有人发现，卵巢未切除的妇女，且应用雌激素总量大于1500 毫克者，其发生乳腺癌的危险性是未用者的2.5 倍。有意思的是，专家发现，长期上夜班的女性与上白天班者相比，患乳腺癌的可能性是后者的1.5 倍。这可能是与夜班女性长期暴露于人造灯光下，抑制了体内褪黑激素与雌激素有关，从而诱发癌症。

(9) 运动

研究发现，体育锻炼可降低乳腺癌的发生率。其机制为，运动可调节月经周期，改变卵巢激素的产生，从而降低乳腺癌的发生率。即使体重不变，但坚持中等强度运动的妇女，其乳腺癌的发病危险明显降低。那些每周至少锻炼4 小时，并连续12 年以上者，或10 年内高强度运动每周平均24 小时者，乳腺癌发病率均下降。

(10) 紧身

外国学者用3 年时间调查发现，穿紧身衣易致乳腺癌。有人将这种紧身衣称为“死亡内衣”。资料显示，一天24 小时都穿紧身衣，特别是穿紧胸衣的女性，其患乳腺癌的危险比不穿紧身衣者高出125 倍。这是因为紧身衣，包括过紧的胸罩，会压迫乳房附近的淋巴管，使受压后的淋巴管丧失排毒功能，毒素在体内会刺激乳腺上皮细胞发生癌变。

(11) 乳腺疾病

一些学者认为，有乳腺小叶增生、纤维腺瘤或乳腺导管内乳头状瘤史的妇女，患腺乳癌的危险性为正常人的3～5 倍，因为乳腺良性疾病可增加致癌或促癌物质的易感性。还有专家指出，乳腺病家族史及生殖系统手术史，也是乳腺癌的危险因素。

(12) 心理因素

精神创伤、家庭不幸、性格孤僻、抑郁、暴躁等不良心理与精神因素，均与乳腺癌发病有关。这些不良情绪经常造成精神刺激，引起心理应激反应。若患者长期处于应激状态，则自我调节、控制能力必然减弱甚至消失，免疫力下降，结果导致乳腺癌发生。国外专家报告，经历过精神创伤或生活挫折的妇女，其患乳癌的相对危险性可升高2～3 倍。

7.补血养血，焕发动人光彩

人体是“血肉之躯”。只有血足，才显得皮肤红润，面有光泽。对于女性来说，追求面容艳丽，身材窈窕，应重在养血。由于女性生理有“周期”耗血多的特点，与血结下了不解之缘。中医学早就指出：“妇女以养血为本。”

女性若不善于养血，就容易出现面色萎黄、唇甲苍白、肤涩、发枯、头晕、眼花、乏力、气急等血虚症状，即贫血。严重贫血者还极易过早发生皱纹、白发、脱牙、步履蹒跚等早衰症状。可见，女性养血迫在眉睫。

那么，女人应怎样进行养血补血呢？女性血异常划分四种类型：血虚、血瘀、血热、血寒，解决之道在于对证调血，因人而异。

(1)血虚——经常犯懒不是我的错

近来云云常觉身体倦怠，眼睛也总觉得酸涩难受；一照镜子还发现脸色苍白，没有一点血色，梳头时头发掉了不少；月经量日渐稀少。到医院检查，可除了血常规化验发现红细胞偏低外，其他指标均没什么异常。后来去看了中医，才知道自己“血虚”。

●找原因

除了先天不足外，长期的劳累、压力过大、营养不足都可能造成血虚。外伤、手术以及月经量过多和女性生产等也会造成失血过多，出现血虚。

●调养重点——补血

①食物进补

通过饮食来补血是最安全有效的方法。平时可常吃补血食物，如菠菜、花生、莲藕、黑木耳、鸡肉、猪肉、羊肉、海参等；水果可选用桑葚、葡萄、红枣、桂圆等。这里推荐一款偏方——补血甜汤。

【原料】水发黑木耳50克，花生50克，红枣15枚，山药100克，冰糖适量。

【做法】把原料洗净放入沙锅，加适量的水，炖煮2小时左右即可。

【用法】每天喝一大碗，坚持1周就能有明显的效果。

②药膳帮忙

常用的补血中药有当归、熟地、川芎、白芍、阿胶等，可用这些中药和补血的食物一起做成可口的药膳，如当归羊肉汤、四物鸡汤等，均有很好的养血效果。

③按摩四大补血穴位

每天花15分钟按摩补血四大穴位，能辅助调节血虚。这四个穴位分别是关元穴(脐下约1.5寸处)、气海穴(肚脐下方约3寸处)、足三里穴(外膝眼下3寸、胫骨外侧1横指处)、三阴交穴(下肢内踝上3寸、胫骨后缘处)。

【专家叮咛】

由于血虚时常伴有气虚存在，因此，在选用补药时还应适当加些补气药物，如黄芪、党参、鹿茸、甘草等。这样可增强补血药的效果。

中医诊断的“血虚证”中有一部分是贫血患者，但不一定被诊断为“血虚证”的人都出现贫血的化验指标。补血期间要注意控制脂肪摄入，因为补血的营养成分在油脂成分少的情况下好吸收。少吃辛辣刺激、过冷和过热的食物，以保养脾胃，促进吸收。

(2) 血瘀——痛经也有前世今生

小曼的“好朋友”月月迟到，已有快1年了，每次肚子都疼得要命，经血不但颜色暗紫，而且还有好多血块。渐渐地，她发现皮肤也变得不那么细滑了，面色晦暗无光，常有黑眼圈，小腿处还常常出现“青筋暴露”。到医院进行检查，除了血黏度略有增高外没有任何问题。于是她去中医大夫那儿进行了咨询，大夫说她是典型的“血瘀证”。

●找原因

导致血瘀的因素有很多：着凉，为了美冬天也坚持穿短裙子；脾气大、压力大或遇到很多不顺心的事，导致脾气急躁，心情长期不愉快等。

●中医调养重点——活血化瘀

①饮食进补

多吃具有活血化瘀通经功能的食物，这里推荐一款偏方——莲藕红花炖排骨。

【原料】排骨500克，鲜藕300克，红花5克，料酒5克，盐适量。

【做法】排骨、藕切块，放入沙锅中，加红花、料酒、盐和适量水，烧开后撇去浮沫，小火炖至肉烂即可。

【用法】一般每周吃一次，连吃1个月见效，但月经期、孕期禁吃此方。

②中药调理

常用的活血化瘀药物有柴胡、香附、郁金、当归、元胡、丹参、川芎、桃仁、红花、三七等，但经期、妊娠期和有出血倾向的人禁用。另外，还有中成药逍遥丸、越鞠丸等。

③精神保养

遇事不要太激动，多和朋友聊天、出游，避免过度紧张、劳累，有助于改善气血运行。

④多做运动

运动可改善血液的高凝状态，为您推荐一套简单的办公室活血操：

站在椅子后，双手扶住椅背，两脚分开同肩宽，吐气时蹲下，吸气时站起，连续做6次；面向桌子站立，双手撑在桌边，挺胸仰头，身体向后弯，坚持5秒还原，重复动作6次。

【专家叮咛】

血瘀的女性不宜吃寒凉食物，如冷饮、西瓜以及刚从冰箱里取出的食物。

吃肥肉、甜食、油炸食品、盐和味精，以避免血黏度增高，加重血瘀的程度。

(3)血热——痘痘爱跟我过不去

小珍的脸色总是红扑扑的，但令她苦恼的却是长了好多痘痘，每天洗三次脸还油汪汪的；晚上也睡不好，做梦如看场电影；爱发脾气，手心、脚心都感觉很热；月经量好像也比以前多了，妈妈说她是火力壮，“血热”了。

●找原因

人们吃的普遍比从前好，辛辣刺激、烟酒肉食都是餐桌上必不可少之物，这些食物都会助长体内的热气。

●中医调养重点——凉血

①饮食进补

平时多食用大米、薏米、赤小豆、绿豆、苦瓜、莲藕、雪梨、丝瓜、马蹄、鲜芦笋、螃蟹等食物。丝瓜炖绿豆鸭就是一道具有清热凉血功能的食疗菜。

【原料】净鸭半只，丝瓜500克，绿豆50克，姜5克，盐适量。

【做法】丝瓜去皮切块，鸭切块，绿豆泡开，将所有原料放入沙锅炖至肉烂即可。

【用法】每周吃 2 次，血热的症状就会缓解。

②避免熬夜

奋战一夜后难免口干舌燥火气上升，要使血“凉快”就得尽量避免熬夜。

③爱上瑜伽

温和舒缓的运动更适合血热的人，有利于调节体内血液循环，抚平情绪波动，瑜伽就是首选。

【专家叮咛】

过度劳累、熬夜、性事过度，难免耗伤阴液，阴虚不能制约阳气，就会出现阳热。

血热的人情绪容易过度激动，平时要注意保持情绪稳定，忌大喜大悲大怒。

血热的人忌吃油炸、辛辣、刺激性的食物，要远离烟酒。

（4）血寒——不做“冷血动物”

阿莉一到秋冬季节就会手脚冰凉，吃个凉柿子都要哆嗦半天，她自己也常觉得小肚子发凉，月经的颜色发暗。学医的同学提醒她，此情况很可能是“血寒”造成的。

●找原因

血寒是相对少见的一种情况，指局部脉络寒凝气滞、运行不畅所表现的症候。如果“肾阳”不足，血液得不到适当温煦就会变冷。

●中医调养重点——散寒

①食物进补

这种体质的女性平时要多吃温性、热性食物。益母草炖牛肉既能暖身又能预防淤血，很适合血寒证。

【原料】牛肉 300 克，益母草 10 克，姜 2 大片，盐适量。

【做法】将原料放进沙锅中，加水烧开后撇净血沫，小火炖肉至肉烂即可。

【用法】每周吃2 次。

②药补调养

通常可以用温经散寒、通脉养血的药物，如艾叶、生姜、当归、肉桂、川芎、熟地、枸杞子、炙甘草、杜仲等。

③注意保暖

尤其是手脚和小腿，热气是往上升的，下肢暖了全身就不冷了。另外，还要保证充足睡眠，平时多晒晒太阳。

【专家叮咛】

血寒的人要忌食寒凉、生冷食物。

冬季从室外进到温暖的房间要注意及时脱掉厚衣服，免得太热而出汗，反而会使身体感到更寒冷。

第六章　用语言开路
——女人的处世资本

交际是一种社会活动。交际是一种能力，是一种生存的具体活动。好口才是事业上披荆斩棘的利剑，是生活上彰显魅力的资本。善用女性魅力的女人，容易在广漠的人脉中左右逢源。懂得经营人脉网络，才能创造财富，最终成为美丽一生的赢家。

1. 如何与不同性格的人共事

第一类：推卸责任的人

可能的情境——

“嗨，我昨天跟你说的那份资料，你弄好了吗？”

“我现在没办法给你呀。昨天你跟我说了以后，我就开始动笔了，可是老板临时要一份报告，我只有先给他做，然后我的计算机就死机了，所以我只有回家写，不是我没写完啊，而是昨天我正在修改的时候，我的猫跑来把它叼走了，就再也找不到了。我没办法啦，急的话我把搜集到的东西给你，你自己做……”

共事策略——

请他们协助任何工作时，目标必须明确，时间、内容等要求要讲清楚，甚至白纸黑字写下来，作为证据。

不为他们所提出的借口而动摇，请温和地坚持原来的决议，表达你知道工作有其困难度，但还是需要在一定范围内完成的期望。

如果他们试图把过错推给别人，不要被他们搪塞过去，你只须坚定说明那是另一回事，现在要解决的是如何达成原订的目标。

如果他们真的遇到问题，除非真有必要，你不用主动帮他们解决，养成他们继续对你使用这招以摆脱工作的习惯。

请主管在不影响整体工作的情况下，重新协调工作分配，以达成工作目标为优先。

平辈之间的相处，应把彼此当做互助互惠的伙伴，而不是比高比低的对手。

第二类：过于敏感的人

可能的情境——

“对不起，你刚刚给我的那份报告里面有几个错字，可不可以改一下？”

“有错字？你的意思是说我中文程度很差吗，这对我是很大的侮辱，我只不过是一时的疏忽，没有看到计算机打出来的是错的，这不代表我就只会写白字，你这样讲让我很难过，我毕竟是大学毕业的啊，从小到大可不是白混的，我还得过学校作文比赛第三名，你说不会写中文也太过分了点……”

共事策略——

尽量避免在其他人面前对他们做出可能冒犯的评语，要批评请私底下讲。

即使如“有点、可能、不太”这类有所保留的语气，都会让他们心乱如麻，因此在批评时尽量客观公正，慎选你的用词，指出事实就好。

尤其要让他们了解你只是针对事情本身提出意见，而不是在对他们做人身攻击。

针对他们过度的反应，你不要也跟着乱了手脚急于辩解，那可能会愈描愈黑，只要重申事情本身就好。

提出意见时也同时指出他们的优点，以及表现出色的地方，以建立他们的自信心。

只要与人共事，总会发现有些人不好相处。……最重要的是你选择如何响应任何人或任何情况。

第三类：怨天尤人的人

可能的情境——

“刚刚真是可惜，没有得到客户的青睐，不过你的报告内容还真不错呢！”

“谁说的，我可不这么觉得。唉，还不都是小王害的，他不要一直在旁边扯我后腿就好了，讲什么客户需要的是提高品质，这我知道啊，我的报告也有啊。还有你啦，没事跑过来干吗，害得我投影机的插头掉了。就连打印机都跟我过不去，印一张要花3分钟，在客户面前真是糗大了，我真是倒霉啊……”

共事策略——

他们之所以抱怨，是因为他们在意事情的发展。如果抱怨的内容跟你负责的业务有关，最好能有立即的响应或改善；如果他们抱怨的是无关紧要的琐事，听听就算了，也不需要动气反驳。

在做任何会影响他们的决定前，先征询他们的意见，如果他们能有所参与，就可能不会抱怨。

如果你们合作一项工作，最好时时询问他们有没有问题，如果他们说没有，以后就可能不会抱怨。

光抱怨不能解决问题，问问他们觉得最好的解决方法是什么，怎么样才能避免问题再度发生，将他们的力气导引到问题解决上。

人之所以令人难以应付，并非由于他的技能或知识不足，而在于他们的个性。

第四类：悲观者

可能的情境——

“John提出来的这个意见真好，对我们的工作效率一定有帮助。”

“行不通的啦，这个办法早在两年前就有人提过了，那时候大家信誓旦旦地说要把业绩做起来，结果呢，还不是都一样，根本没什么起色。不是我要泼大家冷水，事实就摆在眼前啊，而且当时老板投入大笔资金却失败了，这次他不会再重蹈覆辙啦，所以我认为一定不可行……”

共事策略——

他们的负面看法是自己凭空猜想的，还是有事实根据的？请他们在表达的同时，也明确指出产生问题的原因。

他们害怕失败，不愿意冒险，所以会以负面的意见阻止改变。问问他们认为改变后最坏的结果是什么，事先准备好应对的方法。

不用因为他们的负面意见就感到沮丧，你可以把他们的看法当做是预防犯错的一种机制。

告诉他们如果失败的话是整个团队的责任，而不会光责怪他们，解除他们的心理压力，他们就不会在一旁碎碎念。

对待他人应如同目的，切莫对待他人如同手段。

2. 注意细节，赢得友谊

埃琳在学校与两个女同学非常要好。某星期天，这两个女同学没叫埃琳就一块逛街去了。这件事使埃琳十分伤心。当她俩回校后，埃琳想装出满不在乎的样子，但还是不由自主地说："我真痛苦啊！"她们知道实情后才突然意识到，友谊对埃琳来说意味着什么。她俩十分诚恳地向她表示了歉意。于是，她们之间没有产生误会，相处仍然很融洽。

只有敞开心扉与朋友沟通交流，你才能拥有真挚纯洁的友谊。

女性在友谊方面不像男人那样大大咧咧，她们总是会注意到男人注意不到的一些细节。并且让这些细节影响彼此的友谊。

做别人的好朋友以及拥有一位好朋友都能使人的生活充满生机和活力，并能使人终生感到满足和享受。那么，女性怎样才能获得挚友呢？

(1)挤时间交朋友

有些女性常说："我当然愿意交好朋友啦，只是时间不允许。"实践证明：我们要是想真心做一件事情，时间是会充裕的。

为朋友挤出时间可能意味着不能及时收拾房间，或错过你所喜欢的电视系列剧。但友谊的乐趣能弥补这些微不足道的损失。

(2)重视小事情

朋友遇到困难时助一臂之力无疑是至关重要的。但是，给朋友打生日电话等表面看起来是不足挂齿的小事，却是保持友谊必不可少的行为。

(3)敞开心扉

有些性格内向的女性不愿把自己心灵深处的恐惧、失望以及消极的情绪暴露出来。可是，在建立友谊的过程中有时必须要敞开心扉。

(4)原谅朋友的“缺点”

每个女性由于性格、脾气和修养的不同，为人处世的方式方法也各有异。对朋友不必吹毛求疵，更不要把自己的观点强加于人。朋友的某个“缺点”在某方面来说也许是优点呢。

艺术家安妮曾讲过这样一段往事：“我70岁时，感到心情十分沮丧，因为我已是个老态龙钟的人了。然而我的一位81岁的朋友却独出心裁，举行了一次‘70岁年轻人’聚会。在聚会上，她坚持让我们玩跳绳游戏、跳方格、扔飞碟等。这可把我们的大儿大女们吓坏了，他们个个捏着一把汗，生怕有人会摔断胳膊或扭伤脚。然而，这是我进入老年人行列后唯一的乐趣，我痛快极了。”

马塞诸塞大学社会心理学家罗伯特·韦斯说，建立友谊的诀窍之一就是要把共性的东西有机地融为一体，从中了解到许多共性的东西，就能达到相互沟通。

(5)尽力帮助朋友

有的女性既要朋友，又不想承担一定的责任和义务，这些自私的女性是不可能成功的。

纽约市旅游代理人斯特拉·沃尔夫在外国旅游期间，结识了许多的朋友，诀窍何在？因为她实践了法国小说家亚历山大·杜马的交友艺术：“忘记所付出的，牢记所得到的。”

斯特拉无论何时发现朋友遇到了困难，她都会全力以赴去帮助。一位朋友被解雇了，她就在自己的代理处给安排了一份工作。当未婚夫的朋友抱怨生活孤寂时，她就为其当红娘。她为了朋友放弃了许多自己所喜欢的事情，然而得到的只不过是一束鲜花或一封感谢信。她却感到十分快乐和幸福。

(6)接受朋友的帮助

有人曾说过："如果你想让人成为你的朋友，就请他帮助你。"付出固然比获得重要，但重要的是要让朋友明白你也需要得到他们的帮助。正如你帮助朋友而感到幸福一样，也要为朋友能帮助自己创造机会。

有一次，莱丝的汽车出了毛病，可当时她急需到另一城镇去采访。玛丽知道后，主动提出要开车60英里专程去送她。为了不给她添麻烦，莱丝婉言谢绝了。

挂上电话后莱丝才意识到，她肯定很失望。果然不出所料，她们的关系就随之冷淡了。另一次，莱丝给她打电话说，她准备外出度假，正愁不知如何安排她家的小猫。"让我来照料吧！"她很高兴地承担了这件事。这一次，她怀着十分感激的心情接受了她的帮助。事后，他们的友谊又恢复如初了。

(7)主动与朋友联系

与朋友相处最基本的原则就是：不要与朋友失去联络。不要等到有麻烦时才想到别人，朋友之间的关系就像一把刀，常常磨才不会生锈。若是半年以上不联系，你就可能已经失去这位朋友了。

因此，主动联系就显得十分重要。试着每天打5到10个电话，不但能扩大自己的交际范围，还能维系旧情谊。如果一天打通10个电话，一个星期就有50个，一个月下来，便可到达200个。平均一下，你的人际网络每个月大概都可多十几个"有力人士"为你打通环节。

(8)经常进行感情投资，加强联络

你有没有这样的经验：当你遇到了困难，你认为某个朋友可以帮你解决，你本想马上找她，但你后来一想，过去有许多时候，本来应该去看她的，结果你都没有去，现在有求于人就去找她；会不会太唐突了？甚至因为太唐突而遭到她的拒绝？

在这种情形之下，你不免有些后悔“平时不烧香”了。现代人生活忙忙碌碌，没有时间进行过多的应酬，还有些女性婚前有很多朋友，婚后便疏于交往，日子一长，许多原本牢靠的关系就会变得松懈，朋友之间逐渐互相淡漠，这是很可惜的。所以，一定要珍惜人与人之间宝贵的缘分，即使再忙，也别忘了沟通感情。

3. 如何建立舒适的同事交流圈

(1) 和男同事相处要得当

为了讨男同事的欢心而刻意地表现得很亲切，这不但让周围的人觉得你很卑鄙，就是对方也未必领情。所以，当你有事要拜托男同事时，最好直截了当地说出来，不必兜圈子。

然而，每个人都希望自己的能力得到他人的肯定、得到他人尤其是男性的赞赏。

所以，当上司用语言或行为表示对部属的认同时，部属的内心一定感到很高兴。但是，如果自己的努力得不到认同，这时，就会觉得很沮丧。

了解了这个心理，当你在得到同事的帮助之后，一定要把结果告诉对方，而且还要赞美对方。“还好，有你的忠告，否则事情不会进行得那么顺利。”“谢谢你帮忙打的那一份文件，老板很称赞！”对方听到自己所出的心力有了正面的价值，心里一定很高兴。但是，你也不能凡事都依靠男同事的帮忙或是交代一大堆事给他做，这样他可能会认为你没有能力而轻视你。

然而有的时候为了工作，女性主管不得不责备男性部属。即使是碰到这种情况的时候，女性主管也不可以冲口而出地使用否定的言词，只要淡然地把结果告诉对方就可以了，最后再提醒对方：“下次多注意！”这样，既达到了你的目的又留足了男人的“面子”。

从女性的眼光看来，有时会觉得男性很迟钝，你必须对他睁一只眼，闭一只眼，不可太过于吹毛求疵才不会发生纠纷。为了避免自己因为不当的言行而后悔，平时就要多观察周围人的性情及感觉。

(2)保守秘密

女人们也许比男人们更擅长于家长里短的琐碎小事。但是切忌论人隐私。“交出了多少奖金？”“是不是被恋人拒绝了？”说话时涉及了这类内容，即便单位里只有一个人在场，也冒犯了他人的隐私。

的确，两个人谈一谈个人生活方面的心里话，会增加双方的亲密感，并且也并非“谁都不愿说”这种秘密，但是，在公司里说出来，就很容易形成谣传。因此，要想保持同事间的良好关系，就不要随便涉及他人的隐私。无话不说的“知心朋友”保留一至两人就可以了。

(3)就餐实行AA制

下了班之后，同事们一同出去吃顿饭、喝两杯，消除一下工作的疲劳，给紧张的生活喘一口气，这也是很平常的事。这个时候，大家最好是实行ＡＡ制各付各的账。作为女性你要尽量避免陷入这种请客债务。如果是女性，她们易斤斤计较，最终可能导致不欢；如果是男性，他们是不好意思让你付钱的，而如此一来你会觉得欠他的，以至感觉不舒服。

“我上次请了好几顿，这次他才回请我一顿。这样我岂不是吃亏了吗？”即使是亲密的朋友，也难免会隐藏了这样的不满。只要稍有不满的情绪，就很有可能引发大纠纷。

同事之间最好从平时就养成实行ＡＡ制的习惯，而且要严格地遵守这个惯例。唯有如此，同事之间才可以一直保持着良好的关系。

所谓“天下没有白吃的午餐”，别人请你吃饭无非也是有求于你，你一旦接受了邀宴就必须受到对方牵制。而你经常利用公司的交际费请客，除非是你做出了相当的成绩，否则公司一定会追究的。

如果你想大吃大喝一顿的话，那就自己掏腰包享受。当你和同事一起出去吃喝享受时，一定要履行各自付费的规矩，这样你才能享受一顿最美味的佳肴。

（4）表现不要过于“个性”

许多现代的年轻女性很注重个人色彩，总是说“只要是我喜欢，有什么不可以！”但是，太过于自我是很难交到朋友的。建立良好的人际关系的第一步还是不可以太过于标新立异，这样配合大家的生活态度也是一种生活的智慧。作为年轻的女性希望表现自己的独特性格，希望引人注目，这是可以理解的，但这只适合与朋友交往，不适合公事。

对流行趋势敏感，这是女性共同的特征。尤其是上班族的女性，更是喜欢用名牌服饰来炫耀自己的品味，这样的女性很容易引起旁人的反感。虽然穿什么衣服是个人的自由，但若是因此而让人引起反感，就可能会影响到工作的进行。在公司里，大家的工作是互相关联的，每一个人的工作都需要靠别人的协助及合作才能完成。如果你被众人孤立了，即使再有能力，也很难发挥出来。

不只是服装如此，诸如化妆及服饰配件，或是和同事一起用餐、点菜时也是如此。大家都吃经济餐，你却偏偏要选最贵的菜，这样也很容易让大家讨厌你。和大家一起喝咖啡时也不可以很招摇地说：“大家别客气，今天我请客。”这样大家会有被轻视的感觉。

(5)带点土产馈赠同事

我曾听某公司的主任提起有关出差的事。每当他指定某人出差时，一般人大多会露出喜悦的神色。这或许是因为出差能离开办公桌，到另一个陌生的地方，所以觉得新鲜吧！虽说是工作，但心中却大半被“旅行”般的心情占据着。

或许，周围的同事、上司也有此种感受吧！虽未表现在脸上，但心中必然羡慕不已。因为，旅行说起来总让人连想起“奢侈的游玩”。

甚且有许多人有种很不可思议的想法。他们认为任何人对于

“奢侈”都应该心怀愧疚感。因此，奉命出差的人若没有以任何的形式来表现“愧疚”，周围的人们必不以为然。

当然也有人认为出差是办公事，既是公务，当然不需买土产馈赠同事。这个道理是没错，但若依先前所说的来看，此种作法往往会引起周围人的反感。

细心的女性如果出差旅行，回来时带点小礼物，送给同事或上司，不仅可安抚大家的心理，亦可使众人对你抱有“聪明又细心的女性”的好印象。

(6)不要轻易发牢骚

在新参加工作的同事熟悉工作之前，耐心指导他们，才能显示出你的胸襟广大。确实有一些老职员，对新参加工作的职员大发牢骚

如果你也认为这些前辈做得对，就请拍拍胸脯想一想：几年之前你也是新职员，对于那些牢骚，你也曾表示不满。“最近的年轻人呀，简直太……”这样的牢骚是在几千年前就刻在了金字塔上，以至一代一代地传下来。

千万别让发牢骚成了女性的专利，发牢骚的女性是不能得到别人的喜欢的。

(7)工作时不要区分性别

做任何工作都似乎与男性或女性没有关系，工作做得好坏才是单位唯一有价值的事。以往男性工作岗位和女性工作岗位是单设的，现在也有许多异性加入的例子。与其强调区分性别，不如强调学会和提高某件工作的专门技艺，这对于赢得大家尊敬极为重要。所以，女性不可以因为自己是女性，就以此作为少干一点工作的借口。

(8)不准撒娇

“因为我是女性……”这样的撒娇意识，不准带到工作岗位。有些可说是私人的事，如“把东西给我拿来”“男职工护送女职员回家”等，这多少与工作有点联系。但公司的男性也是同事，都是同一

岗位上的竞争对手，因此不能过分依赖。

原因何在呢？某些女性与其想说“请教一下”“这个我不会”之类的话，不如对自己的工作增强责任心，学会彼此互相尊重。只有这样，女性职员才更容易与男职员交往。

(9)多做一些

虽然有人总在说：“沏茶倒水什么的我绝对不干。”但若作为制度强迫他干，他不是也可以去干吗？无论男性、女性，越是会工作的人越擅长应酬。为了造成一种舒适的工作环境，简单的室内清洁及沏茶倒水工作，能起到工作润滑油的作用。想想看，如果你能发挥女性勤快聪明的魅力，不忽视这些小事，那么你的职业生涯专长定是会成功的。

(10)公平对待

不管是谁，作为女性不要对某人过分亲切，这会招致误解。即使出于好意，也可能在公司造成谣言，产生麻烦。因此，女性在工作单位，对谁都要公平相待。

(11)假如有了意中人

在公司内相恋的情侣并不少见。想一想看，公司正是适龄青年男女集中的地方，一些人产生爱情萌芽，有什么不可思议的呢？

但问题就出现在相恋的同事身上。办公室是工作的场所，众目之下，见到了意中人也不能上去纠缠着撒娇；看上了某异性同事，因为不便表达自己的心情而烦恼，就应当约对方到外面去接触。

如果对方是同一个公司的同事，查一下对方的电话号码，很快就能联系；注意到了对方的行踪，只要核准对方的下班时间，就能前去相约。与其在工作中见机打招呼，不如在下午5点以后，爽爽快快地打一声招呼，对方也会很高兴。

(12)不可不留意的绯闻

如果在公司里盛传着你与某位男同事过从甚密，你要如何自处？

这个时候最好的方法就是置之不理。

男女关系其实是很敏感的。如果你被认为和某一位男同事之间走得很近，其他的男同事就会自动地疏远你。但是，事实究竟如何只有当事人才知道。周围的人往往喜欢捕风捉影，有一点风吹草动就四处宣扬。

这一类的传言大都是往坏处想，多少都含有恶意。对周围的人而言，是又妒又羡的。如果当事人因为这种事而觉得很难为情，拼命地向别人解释，那反而更引起别人的兴趣，使得整件事愈描愈黑。或许有些当事人很喜欢这一类的绯闻，自已也出面说得天花乱坠的，这样反而会引起别人的妒火中烧，更加恶意中伤。

为了避免这样的事，你最好是从头到尾都别理会这些谣言。对方看你没有反应，自然会觉得很无聊，就不会一再地谈下去。有时候别人只是猜测而已，你一发表意见反而给对方提供了话题。

为爱情而牺牲本来是个人的事，但是在公司里发生这样的事，只会让人怀疑你的诚心及能力。在公司里，最好是保持平常的同事关系。俗话说："商场如战场。"可别让人拿你的感情生活来攻击你。

4.礼貌拜访，优雅迎送

拜访与迎送是人际交往中的重要一环，千万要注意礼貌待人。

(1)拜访礼节

夏娥在北京打工，一天她正在上班，突然接到一个电话。朋友小倩说，她现在在北京西站，让夏娥去接她。夏娥立刻请假去接她，问小倩来这儿有什么打算。小倩打着呵欠说："暂时还没想好，先玩几天吧。"于是，她就跟夏娥挤在一张床上睡了几天，什么也不干，弄得夏娥很不高兴。

拜访唐突没有礼貌是令人讨厌的。

拜访有事务性拜访、礼节性拜访和私人拜访三种，而事务性拜访又有商务洽谈性拜访和专题交涉性拜访之分。但不管哪种拜访，都应遵循做客的礼节。

①做客要预约

拜访友人，务必选好时机，事先约定，哪怕你们的关系亲如姐妹这都是进行拜访活动的首要原则。一般而言，当你决定要去拜访某位友人，应先与被访者取得联系，约定宾主双方都认为比较合适的会面地点和时间，并把参访人数和访问的意图告诉对方。一般应避开吃饭和午休的时间，晚上拜访时间也不宜太长。

在交往中，未曾约定的拜会，属失礼之举，是不受欢迎的。因事急或事先并无约定，但又必须前往时，则应尽量避免在深夜打扰对方；如万不得已非得在休息时间约见对方时，则应见到主人立即致歉，说“对不起，打扰了”，并说明打扰的原因。

②做客要守时

宾主双方约定了会面的具体时间，作为访问者应履约守时如期而至。既不能随意变动时间，打乱主人的安排，也不能迟到早到，准时到达才最为得体。如因故迟到，应向主人道歉。如因故失约，应在事先诚恳而婉转地说明。

日本人安排拜访时间常以分为计算单位；在瑞典，如拜访迟到10分钟，对方就会谢绝拜会。准时赴约是国际交往的基本要求。

③做客要带“礼”

无论到办公室或到寓所拜访，一般要坚持客由主定的原则。如是到主人寓所拜访，作为客人进入主人寓所之前，应用食指轻轻叩门或按动电铃，若是熟人、亲属，可在敲门后立于门口；若是初访或下级，应侧身站在门首的左侧，待有回音或有人开门相让，方可进入。

若是主人亲自开门相迎，见面后应热情施礼问好；若是主人夫妇同时相迎，则应先问候女主人好。若你不认识出来开门的人，则应问：“请问，这是XXX先生(女士)的家吗？”得到准确回答后方可进门。

当主人把来访者介绍给他的妻子或丈夫相识，或向来访者介绍家人时，都要面带微笑，热情地向对方点头致意或握手问好。见到主人的长辈则应恭敬地请安，并问候家中其他成员，当主人请坐时，应道声“谢谢”，并按主人指点的座位入座。

若带有鲜花、果品、书籍等礼物，可在进门之初奉献主人。主人上茶时，要起身双手接迎，并热情道谢。喝茶时要慢慢品饮，果品要小口细嚼，作为女性烟要少抽或不抽。对后来的客人应起身相迎，必要时，应主动告辞。

如带小孩做客，要教以礼貌做人，尊敬地称呼主人家所有的人。如主人家中养有狗和猫，作为主人，千万不应表示害怕、讨厌，不应去踢它、赶它。若作为女主人，也应遵循“尊客之前不叱狗”的传统礼节。

④做客要衣着整洁

为了对主人表示敬重之意，拜访做客要仪表端庄，衣着整洁。入室之前要在门垫上擦净鞋底，不要把脏物带进主人家里。冬天进屋再冷也应脱下外套，摘下帽子、手套、墨镜，有时还应脱下大衣和围巾。在主人家中要讲究卫生，不要把主人的房间弄得烟雾腾腾，糖纸、果皮、果核应放在茶几上或专用果皮盒内。身患有病，尤其是传染病，不应走亲访友。邋遢之客、带病之客是不受欢迎的。

⑤做客要举止文雅

人们常说，主雅客来勤；反之，也可以说“客雅方受主欢迎”。在做客时，谈话应围绕主题，态度要诚恳自然，如有长辈在座，应用心听长者谈话。在朋友家里，不要乱脱、乱扔衣服。与主人关系再好，也不要翻动主人的书信和工艺品。未经主人相让，不要擅入主人卧室、书房，更不要在桌上乱翻，床上乱躺。做客的坐姿也要注意文雅。

⑥做客要适时告辞

有些女人跟人拉起家常来，能把“凳子”坐穿，惹人讨厌却不自知。要知道“串门无久坐，闲话宜少说”。初次造访以半小时为宜，一般性拜访以不超过一小时为限。造访目的达到，见主人显得疲乏，或意欲他为，或还有其他客人，应适时告辞。假如主人留客心诚，执意强留用餐，饭后应停留一会再走，不要抹嘴便走。辞行要果断，不要“走了”说过几次，却口动身不移。辞行时要向其他客人道别，并感谢主人的热诚款待。出门后应请主人就此留步。

(2)迎访礼节

接待来客是一门艺术。讲文明，懂礼貌，态度热情，就会赢得友谊。反之，言行不当，或礼貌不周，就会得罪朋友。作为女性，应该学会怎样接待来访客人。

①待客要作准备

古人言："有朋自远方来，不亦乐乎？"这说明广交朋友，礼貌待客是中华民族的传统美德。迎访包括迎客、待客两个方面。如何礼貌地迎宾待客，总的原则应是主随客便，考虑周全，讲究礼仪，关怀备至，使来访者有宾至如归之感。

为了让客人有一个良好的"第一印象"，作为女主人你平时就应将办公室、会客室或家里的客厅收拾整洁，以免"不速之客"的光临而手忙脚乱。从迎访角度讲，社交活动中的来访也有礼节性的来访、事务性的来访和私人来访三种。

礼节性来访一般时间较短，作为女主人待客要热情、周到，事后还要注意"礼尚往来"；事务性来访，一般时间略长些，作为女主人要想方设法替客人节省时间，并尽可能地使客人满意而去；私人或消遣性来访，通常伴有娱乐性活动和闲谈等，作为女主人待客，应尽量做到轻松愉快。

无论是接待哪一类型的来访者，特别是应邀而来的客人，作为女主人你事先都应作必要准备。包括做好室内外卫生和室内的布置，"洒扫门庭，以迎嘉宾"；备好待客的用品，如糖果、香烟、饮料和水果、点心等；如留客吃饭，还得预备丰盛而可口的酒菜；如有小客人同来，还得预备一些玩具和小画书。为了向客人表示敬意，作为女主人应穿着得体。

②迎客要热情

在家不会迎宾客，出外方知少主人。如来访者来自外地应按事先约定的时间专程前往车站、码头或机场迎候，接到客人后应致以问候和欢迎，并说一些简短的欢迎词。如果是久未见面的，见面时可说："久违、久违。"对初次登门的客人，也应到寓所的大院门口或楼下迎接。见面时可说："久仰、久仰""百闻不如一见"。未及亲迎的，可说"失迎、失迎"或"有失远迎"等以示歉意。如客人手提重物，应主动帮助接提，还要关照家人给予合作。接应客人时应面含微笑，握手问候和表示欢迎，这是必不可少的“迎宾三部曲”。

③以礼相待

客无亲疏，来者当敬。在接待中，对任何客人来访都应热情欢迎，毫不见外地奉为上宾。接客人进屋，应主人在前，客人在后；进入客厅后，应请客人在上座就座。所谓上座，即指较为尊贵的座位。居室中的上座有：比较舒服的座位，较高一些的座位，宾主并排就座时的右座和面对正门的座位。客人一旦落座，就不再劝其换位。

来客如是老亲挚友，可以不拘礼节，随便一些反而显得亲密无间；来客如是师长，则应注重礼节，不可轻率、随便。如客人不期而至，无论多忙多累，都应立即停止手中的工作，热情接待。如客人没打招呼便推门而入，也应立即起身表示欢迎，不能拒之门外。为了表示对客人的敬意，主人应请客人先入座。

如在同一时间接待多方来访者，应注意待客有序和一视同仁。客人进屋后，作为主人应事事处处体现对客人的恭敬与谦让。有的女主人对不速之客冷眼相向，或一边跟客人聊天，一边看电视、看报纸、打毛衣，是极不礼貌的。

客人落座后，应热情献茶或奉上糖果、饮料。一般来说，茶水饮料放在客人的右前方，点心糖果放在客人的左前方；上茶应从客人的右边上。从卫生角度来讲，客来不敬烟也不算失礼，甚至于在美国人看来，敬烟不但不表示恭敬和情谊，反而显得敬烟者缺乏礼貌和教养。

如请客人吃水果，应将洗净的水果和水果刀交给客人自己削皮。与客人谈话，态度要诚恳热情，不要频频看表，不要显出厌倦或不耐烦的样子。万一主人有急事要办，应向客人说明并致歉。如有准备的话，可真诚地请客人一起进餐。如来自外地的客人需要留宿，应周密安排，并向客人介绍家庭生活设施和提供卫生用品等。

④送客有礼

在人际交往中，好的开场就像一束鲜花给人愉快；精彩的告别就是一杯芬芳的美酒令人回味。否则会造成热情迎宾，冷淡送客的不良后果，给客人留下不好的印象。当客人要走时，应婉言相留，这是情谊流连的自然显示，并非客套与多余。当客人起身告辞并伸出手时，方可出手相握，切不可在送客时先“起身”或先“出手”，免得有厌客之嫌。

迎客应主人走在前面，送客应客人走在前面。主人送客，一般应送到门外或楼下，目送客人远去时，可挥手致意，并道以“欢迎再来！”远客或年纪大的客人，如有需要(如路不熟、走路不方便等)则应送到车站或码头，待客人上车、上船并等车船开动消失在视线以外再返回。

送客至机场，应待客人通过安全检查处之后再返回。客人来访，常带有礼品，主人应表示谢意，说声：“让您破费了，实在对不起”或“让您费心，真不好意思”等，决不可若无其事，显出理所当然或受之无愧的样子。一般情况下，应遵循礼尚往来的原则，在收下客人礼品的同时回赠必要的礼品。

当客人要走时，一般应婉言相留，这不是多余的客套。因为常常有这样的情况，客人本想和主人再聊一会，但又考虑多谈了会影响主人，于是以“告辞”来观察主人的反映。因此，当怀有这种心理的客人提出告辞时，不加挽留，急于送客，是很不礼貌的。客人要走，应等客人起身后，我们再起身相送，不能客人一说要走，我们就站了起来。

送客一般应送到门口或弄堂口，特别是第一次来访的客人，对地形不太熟悉，应主动向他们介绍一下附近的车辆、交通情况，帮助他选择一条比较便利的回程路线，或把他送到车站，以免客人走冤枉路。

如果客人是年老的长辈或幼儿，应搀扶他们送往车站，并托付售票员，请路上多加关照。

有时，我们还要为一些远道而来的客人送行。他们一般随身携带的行李比较多，又人生地不熟，困难比较大。我们为这些客人送行时，应更加主动、热情、细心、周到。当得知远客将要离别的消息后，应事先问清客人启程的时间、地点、是否需要代买车票、船票。如客人行李多，应帮他提送行李，送客人到车站、码头，并带上一些水果、点心之类的东西或其他纪念品送给客人，以表心意。

去车站、码头送远客时，假如没有特殊情况，一般要等火车启动，轮船起锚，才可以离开。客人可能由于疏忽或者其他原因，有时会忘记办一些事情。因此，在启程前可以提醒一下客人，是否有东西忘了？有无遗留下来的事需要帮忙处理？如果客人有事相托，要尽可能地愉快接受，并尽力办妥。

5.给心灵装上耳朵

人有五官，各司其职，在摄取信息的时候，我们提到的都是通过眼睛来吸取信息，其实我们还可通过听来记住一些信息，而且有研究表明，同一时间内由听而记住的东西要比看记住的要多。

因此，听也是一个很有效地获取信息的途径。你和别人的交谈时，要通过倾听来记住别人说了什么；上培训班的时候要通过听来理解老师在上面讲的东西，下课后看三遍笔记也不如认真听一遍的效率好。有效的倾听，有利于发展良好的人际关系，理解他人的思想，欣赏他人人格；同时，有效的倾听，可以发掘对方一些宝贵的经验，学习他人的知识，丰富自己。

医生在确诊病人的病症之前，绝对不可能开具处方。他也需要信息，不可能乱猜病人的病情。所以，一开始，当医生看到病人时，他们总是先提问并聆听——他们提的问题大致是这样的：“哪里受伤了？”“怎么个痛法？是感到抽痛、刺痛，还是全身都痛呢？”“经常痛吗？每次痛多久？”然后，医生才会给病人开出药方。你见过那种不听不问，一见到病人就开药方的医生吗？

所以，我们也要注意听的技巧，有些人在听的时候没有带耳朵，看见他似乎在听的样子，其实心不在焉，根本就没有听进去，都在浪费时间了。

人要会用眼睛去看、用耳朵去听、用唇舌去触摸、用鼻子去闻，这样的人才能做出一些成就来，和别人交谈的时候记得带上自己的耳朵。你就简单地想想，如果在和别人谈话的时候，你心不在焉，你对别人的问题答非所问，那别人是什么感受，至少会觉得你不尊重他，那么你们办事的效率就要大打折扣了。

要想控制局面，必须集中精力。我会把注意力放在顾客身上，把一切别的杂念抛在脑后。这样就可以观察顾客的每一个动作，听他的每一句话，体会其中的含义。我之所以这样做是因为一次教训：一次走神让我的生意泡了汤。

著名的推销人员赫伯特先生就有这样没带耳朵的时候，他为此付出了代价。

一次他到房地产商吉姆先生的办公室去拜访，他对保险计划很感兴趣。谈到一半的时候，吉姆开始谈起自己的儿子，吉姆先生显然很为自己的儿子骄傲。但是，办公室外有一些人在说笑，赫伯特忍不住去听门外的笑活，但赫伯特知道这样做有欠礼貌，所以在吉姆先生大谈自己儿子如何深受器重时，他仍不住地点点头。他以为吉姆先生会感到似乎自己在留心听他讲话。

然而，当回到正题，谈起保险的事时，赫伯特发现他已经态度冷淡，结果，他突然站起来说："赫伯特先生，我们谈得够多的了。"说完就走了出去。这就是谈判的结局！

晚上回家时，赫伯特一直在思索自己到底做了些什么。后来，决定给吉姆先生打电话问个究竟。

"这是怎么啦？"赫伯特问他，"到底是什么使您气冲冲地走了出去？"

"赫伯特先生，我告诉你是怎么回事。"他板着脸说："你不停地看门外，显然你不想听我说起我的儿子，倒是更有兴趣听那些推销员讲笑话。我反感讨厌你那样做。"

赫伯特才对自己的行为感到羞愧。沉默了一会儿，他说："您说得完全正确，是我的错。您知道我想说什么吗？我想说我不配得到您的生意。在您挂电话之前，我想让您知道，我认为您有权利为您的儿子感到自豪。您的儿子听起来也像是位优秀的年轻人，我相信他将来会成为一名出色的律师。我真心地感谢您对我说的话，使我学到了宝贵的东西，我只希望有一天您能再给我一次机会。”直到一年后，才从吉姆先生那里得到一张订单。

再者，话从口出，出去了就过去了，不像是我们可以看见的文字、图片，没有看清楚还可以再看一次。很多时候，听别人说话的时候，你是没有办法叫别人再说一次的，错过了就过了。就像在开会的时候，老板在上面讲工作安排，你没有好好听，那你也不能叫老板单独告诉你一次，只好再下来问别人，这又是何必呢。

所以，一定要随时把自己的耳朵带上，听懂别人的话，听到别人话里面重点的部分。听的时候最好专注于听，不要再干别的事情了。有些人喜欢听着歌做事，觉得很好，其实你自己注意一下就会发现，其实你也没有完整地听好一首歌，自己的事情也老是被歌声打断。听完了还要记住，不要“左耳朵进，右耳朵出”，什么都没有留下。

还有就是别人的谈话你要听仔细，不要被自己先入为主的概念给误导了。带上自己的耳朵，争取一次性把对方发过来的信息都记在脑袋里。

想要丰富你的人脉关系就要学会倾听，倾听是了解别人的法宝，也是拉近人与人之间关系最有效的方法。了解别人的需要、渴望、能力与动机，并给予适当的反应。让别人感激你，记住你，并喜欢你。其实，想要丰富你的人脉，非常简单，就是以人为本。从对方的立场出发，让别人感到你永远是被需要的。

多听少说，善于倾听别人讲话是一种高雅的素养。因为认真倾听别人讲话，表现了对说话者的尊重，人们也往往会把忠实的听众视做可以信赖的知己。

一个好的听众一定会比一个擅讲者赢得更多的好感。这是因为，一个好的听众总能够倾听人们最喜欢说的话——他们自己。聆听越多，你就会变得越聪明，你掌握的信息也就越多，就会被更多的人喜爱和接受，从而丰富你的人脉。

要想成为一个好的听众，并不是一件容易的事。但也有一定的方法可依，只要掌握其要领，就会成为一个合格的倾听者。

(1)倾听时，注视说话人。

倾听对方讲话时，用你虔诚的目光让他感知到你的真诚，赢得他的赞许，获得他的信任。注视对方的技巧，是用目光看着对方的双眉间。这样，就可以避免不好意思。

(2)靠近说话者，身体前倾，专心致志地听。

一定要让人感觉到你对他所说的内容的渴求，不愿漏掉任何一个字。让说话者觉得你在聚精会神、专心致志地听。与人交谈时，你千万不要大大咧咧，摆出一副无所谓的样子。

(3)巧妙、恰如其分地提问。

所提问题一定要巧妙、恰到好处，切忌盲目或过多地提问。在允许的情况下，精练、简短的提问会使说话者知道你在认真仔细地听。如：“后来怎么样呢？”“您的结论是……”

(4)不要一味地表现自己而忽视别人。

与人交流时，不能滔滔不绝地说个不停，而应认真地倾听对方说话。做个好听众是一门艺术，也需要耐心。

(5)不要感情用事与别人争辩。

在倾听别人谈话的过程中，或许会有一些话令你感觉不舒服，但这时千万不要因自己的情绪而向别人发火或争辩，这是倾听别人谈话的最大障碍。所以，即使你很生气，也要耐心地等待对方把话讲完以后，心平气和地说出你的想法，这才不失君子风范。

(6)不要无端地打断别人的谈话。

在倾听的过程中，要学会适时插话。每个人都喜欢别人从头到尾安静地听自己把话说完，而且更喜欢被引出话题，以便借此展示自己的价值。所以，交谈时要专注于对方所讲的话题，等对方讲完以后，再岔开他的话题。

(7)不要有意无意地摆弄一些小玩意儿。

倾听别人谈话要专心致志，不要摆弄一些小玩意儿，比如眼镜、钢笔或是与倾听无关的东西，更不要去看窗外的风景等，不然会给别人以不礼貌的感觉，所以要尽量排除。

倾听是一种重要的交流技巧。所以，我们对周围的亲人、朋友，甚至不熟悉的人，都要学会倾听。学会了倾听，你慢慢就会发现喜欢自己的人越来越多，人脉也越来越强大。

请注意，这些建议不仅仅是谦恭的行为，谦恭永远不会使你获得倾听所能带给你的巨大回报。这些建议更多地是为了让你学会如何认真地倾听别人。一旦掌握了倾听的技巧，你将会越来越深刻地意识到，倾听在人类成功的交往中是多么的重要。

学会倾听，就是对别人的尊重。想要丰富你的人脉，没有什么比心与心的交流更快的方法了。人们被倾听的需要远远大于倾听别人的需要。因此，学会倾听，做一个合格的倾听者，不仅是一种人们交往中的礼貌行为，也是表达对他人欣赏和帮助他人建立自信心的重要方式，这还将有助于使自己取得信赖，赢得人脉。

6.健康的人际关系是生存之必备

张小梅和李晨是高中同学，小梅没考上大学，在某家工厂工作，李晨考上了大学，毕业后被分到一家企业工作。小梅在工厂改革中下岗了。一次，在同学聚会上，见面以后，小梅递给同学们的是一张名片，上边写着“钟点女工”和联系的方式。

李晨看见小梅这个处境，让她明天上门给自己清扫房间。第二天，当李晨打开门的时候，小梅早早地站在了门前。小梅的清扫并未因为是老同学就不认真，而是干得更卖力。清扫完毕以后，李晨多给了小梅费用，被小梅拒绝了，说：“我是吃这碗饭的，若你有机会多向别人推荐我，但是这钱绝不能多收，这是我做人的原则。”

这件事对李晨的影响很大，后来他常常给小梅介绍活儿，小梅也因此收入多了起来。

其实女性想要与人保持和谐的人际关系也不是很难的事，这里有几条建议供女性们参考。

(1)懂得批判地思考

批判地思考的第一个方面是清楚你建立某种人际关系的目标是什么。在目标中，既有适用于大多数人际关系的一般性目标，如志趣相投，能清楚地沟通；也有只适用于某种特定问题、特定关系的目标，例如同事、门房、父母、密友、监管人、客户、侄女，照看小孩的临时雇佣、前妻、医生、新近的情感知己等等。

然而，遗憾的是，女性们往往不能确认目标，或有了目标而不坚持。结果，她们总是长时间与她们所厌恶的人来往，而抽不出太多的时间与她们所喜欢的人待在一起。只有确认这些目标才能拥有和谐融洽的人际关系。

对人际关系进行批判的思考还包括另一个因素是你要学会透过表面现象看本质。在很多情况下，我们对他人的态度和行为反映了我们深层次的意识和态度。例如，有时候，小孩、成人，甚至宠物为了让他人注意自己，故意做一些惹人讨厌的举动。

对一个人来说，最糟糕的事情莫过于被人忽视了，哪怕是稍加留意，都比被人忽视要好。然而，父母、丈夫和上司，以至于每个人，并不真正了解这种惹人讨厌的行为所蕴含的真实意义，并对之给以回应，而是用谴责和责骂来对待消极的行为，从而造成了无休止的恶性循环。

作为母亲你要透过现象了解孩子的心理，作为妻子，你要透过现象了解丈夫的心理。总之，作为一个女性，你要在扮演好自己角色的同时，充分了解别人，这样才能轻松与人相处。

(2)进行有效的沟通

与其他的因素相比，错误的沟通对人际关系中出现的问题要负更大的责任。你常常听到一些年轻的女性朋友抱怨她的恋人或丈夫说："我们只是不会沟通"这样悲观的话吗？正如我们发现的，有效地沟通需要把思考、语言和社交技巧结合在一起。

进行有效沟通的一方面是你必须清楚地表达自己的观点，认真地聆听他人的反应，在此基础上或做出回答，或进行提问，以便更好地了解对方的观点。当两个人以这种方式进行对话时，他们就处于一个彼此尊重的气氛之中。这样一来，就能进行有意义的沟通。每个人的沟通风格是有差异的，为了避免误解、冲突以及关系破裂，你需要对不同的沟通风格有所了解。

有效沟通的另一个方面是清楚和准确地使用语言。如果某人在沟通中使用的语言很含糊，不准确，那么，对方一般就无法准确地理解说话者的真正意思，而认为他或她是在很精确地表达自己的思想。

结果，人们往往会因此而导致沟通不畅，出现麻烦。鉴于此，你自己无论在说话和行为方面，一定要努力做到清楚、准确，这样就能避免误解。误解是良好的人际关系的大敌，它往往在一开始并不显眼，但如果不注意，慢慢就会像滚雪球一样发展成为危害彼此关系的大问题。

(3)学会换位思考

大多数亲密关系——恋人关系、家庭关系和朋友关系的成功，直接与你能否做到移情或换位思考相关。你要设身处地地站在他人的立场上想问题，善于了解他人。我们所说的这种移情就是情感上亲密关系所包括的全部内涵。在交往的过程中，如果两个人都只为自己着想，期望他人能为我做点什么，而不考虑自己应该为对方做点什么，那么，这种关系就不会顺利发展，必然会矛盾重重。

健康的人际关系应该建立在利益共享、互相帮助的基础上，而不是一方付出，一方获得的基础上。作为女性，你要了解他人，体恤他人，这是女性应该具备的能力，这样做可以激发你对他人的爱、同情和理解，而这些情感是形成每一种重要的人际关系的核心。

(4)通过理性建立信任

理性有助于你搞清楚自己的情感生活的轮廓和模式，以及许多形成人际关系现象的其他因素。

理性是使人际关系成为可能的框架，人与人之间的关系越亲密，理性在其中发挥的作用也就越大。在与男友或丈夫等亲密的人际关系中，你是最脆弱的，你的感情毫无保留地展示给了对方。理性是一张安全网，它能给你走高空钢丝的勇气。

你之所以能建立起对他人的信任，是因为你认为他们的选择是由理性所控制的，或至少受理性的影响，你依靠的就是这个信念。当然，即使最好的意图也会被盲目的激情、难驾驭的感情、预料不到的冲动所制服。

虽然感情可能会爆发，暂时地压倒你的理性能力，但是，你的意志和决心能再次把事情调整好，重新把理性放在首位，用理性来指导你的感情，这样，你的选择就能反映你最高的价值观。这就是为什么善于思考的人甚至在他们摔下来后，还敢继续再走钢丝的原因，因为他们坚信，善意的人们是服从理性的。

(5)培养创造性

"亲昵生狎侮"，这句话说明了人们惯常的一个特性，即和我们亲近的人，我们对之会报以很放心的态度，结果可能使我们失去那些生命中很珍贵的却一直被我们忽视的东西。既然人与人之间的关系是有活力，有生机的，那么，若把它们当成机器一样，以为老是靠那一个马达就能运转，那将导致它们生锈，并最终无法运转。

你要懂得创造性地与人相处，才能让你的人际关系保鲜。比如在许多情况下，通过给它们注入与你在关系开始时投入的同样精力，鼓励对方意识到他或她创造性的潜力，人际关系就能够重新恢复活力。其结果必然是：双方之间创造性的融合将鼓起你们生活的勇气和力量。

(6)珍视自由和承担责任

健康的关系应该是这样的关系：双方都愿意承担各自的责任，并珍视他人的自由。责任是自由逻辑的结果，虽然人们珍视个人的自由，但当事情没有按照原先的计划发展时，他们倾向于逃避责任。

但是，健康的人际关系应建立在愿意承担责任而不是逃避责任的基础上。通过完全承认你的责任，他人就会被你的道德人格所折服，从而激励他们也为自己的行动承担责任。然而，作为女性如果你经常为你的错误和失败逃避责任，那么，你与他人的关系就不会存在信任和善意，你的道德人格就难以得到发展。

承担责任意味着促进自由，追求个人的自由是一件很自然和正当的事情。但是，为了建立与他人健康的关系，促进和尊重他们的自由也是同样重要的。

例如，假定你绝对确信你知道怎样做对某人最有利——你的孩子应该选择某所大学，或你的恋人应该同意与你结婚。如果为了使他们作出“正确的”决定，你很巧妙地操纵了他们的思想和感情，你这样做是正当的吗？从长远来看，这样与对方作对，或许对于维护人与人之间的关系不是最有利的。

健康的关系重视他人自己作决策的自主权，而不能把你的意志强加于他人。一旦他们发现你在试图对他们施压，或在操纵他们，你与他人之间关系得以建立的基础——互相信任，就会受到损害。

(7)解决问题

每个人的生活中必然要有这样或那样的问题，同样，在人际关系中也会遇到大量的问题，因而关键是作为女性你应该如何处理必然要遇到的问题，即对待问题应抱何种态度。一些女性看见问题就感到恐惧和厌恶，被问题所吓倒，使人际关系受到破坏。另一些女性则用批判思考者的自信来对待问题，把问题看成是澄清事实，改善与他人关系的机会。

尼采曾经说过：“未被逆境摧垮的人会变得更坚强。”这句话也能用来说明人与人之间的关系。在人与人的关系中，最强大和最有活力的关系是那些经过考验，战胜逆境，患难与共的关系，而最脆弱的关系则是那些未经过考验的关系，因此，在后者这样的关系中，女性们很难具备处理问题的技能和自信，所以一遭挫折，双方的关系就出现裂痕甚至中断也就不足为奇了。作为女性只有不断地努力去解决或大或小的问题，才能对自己解决问题的能力产生自信，才能与他人建立健康的关系。

(8)处理好依赖和独立的关系

健康的人际关系能把依赖和独立调整到最佳的平衡状态，当这个平衡被打破时，即有的女性依赖性太强或过分独立时，就会出现这样或那样的问题。在你的生活中，你可能经历过这种失衡的情况。在有的关系中，你可能对对方有很大的依赖性，而对方却较独立；而在另外的关系中，你可能感到对方不能很好地尽责，过分依赖你。

在你的生活中，你可能对不同的人扮演着这两种角色，有时候，你并不是故意这样去做，完全是一种自发的行为。独立和依赖在人际关系的双方之间是可以互相转化的角色，它反映了双方关系发展的不同阶段。父母和子女之间的关系尤其如此，因为在亲子关系中不同的生活阶段，依赖和独立是常常互换的。

如果你发现某种关系失去了平衡，例如，你或是过分的依赖或是过分的独立，那么，你该怎样做才能使两者达到平衡呢？健康的关系需要一个强大和安全的“自我感”。当你感到在关系中过分地依赖时，这是你的自我感软弱，你从外界寻求稳定、力量和完整的征兆。

既然你不能全身心地爱你自己，那么，你就希望其他人能填补这个空隙，而这是不现实的期望。有的人总爱说“我不知道如果你离开我，我该怎么办”这样的话，这表明她缺乏独立感。

实际上，其他人的爱抚并不能弥补你自己自爱的缺乏，既然你都看不起自己，不认为自己有值得别人爱的地方，那么，你就不会完全地去接受他们的爱。因此，在依赖的关系中是没有安全感的，但是，在依赖的关系中，你越渴望和急迫，对方就可能离你的期望越远。克服依赖思想要在自爱和自尊的基础上，从培养你强有力的自我感做起。

7. 奏响和谐交往的音符

卡耐基说过："和谐的人际关系是一笔宝贵的财富。"那么，我们怎样才能拥有这笔财富呢？换言之，我们应如何来奏响人际关系的和谐乐章呢？

下面是人际交往中应当遵守的10条基本原则，也是和谐的交际不可或缺的10个基本"音符"。

(1)平等

生活在现实中的每一个人，无论职务高低、知识多寡、贫富差距、身体强弱、年龄长幼、性别不同，在人格上都是平等的。因此，在人际交往中我们绝不能把自己高抬一寸，把别人低放一尺，有意与对方"横着一条沟，隔着一堵墙"，给别人一种"拒人于千里之外"之感。如果在交际中出现以权压人、以势压人、以强凌弱，把自己看得高人一等，把别人看得一钱不值，那就根本不可能有人人平等，不可能有和谐相处的人际关系。

(2)尊重

渴望受到尊重是每个人的基本心理需求。在人际交往中，我们对所有的人，不管其地位高低贵贱，都应该给予应有的尊重。我们不仅要尊重他人的人格、他人的个性习惯、他人的权力地位、他人的情感兴趣和隐私，还要尊重彼此存在的外显或内在的心理距离，不要轻易地去突破它，破坏它，否则就是对对方的冒犯，势必造成对方的戒备、反感和疏远。

自尊心是人的心灵里最敏感的角落，一旦挫伤一个人的自尊心，他会以十倍的疯狂、百倍的力量来与你抗衡。其实做到尊重别人并不难，有时只需一个微笑、一句问候、一声敬称、一双善于倾听的耳朵、一张不刨根问底散布流言飞语的嘴巴，就会给别人的心情带来阳光和温暖，当然也会为您自己带来真挚的友谊与和谐的交际。

(3) 沟通

央视著名节目主持人白岩松曾说："每个生命都需要表白。"那么，与表白如影随形的便是人与人之间的沟通。只有沟通，才能让别人了解自己，同时自己也才能了解别人；只有沟通，才能不断增进彼此的理解，从而减少或避免一些不必要的误会和摩擦。越是不作沟通，越是有意设防，就会越难使人心达到交融，沟通需要主动，一味地等着别人与自己沟通，等不来"好人缘"。

能沟通不等于会沟通，善于沟通者知道根据不同的对象、场合，采取不同的交际方式，懂得"到什么山，唱什么歌"。沟通总是与口才紧密相连，口才能为你的沟通铺平顺畅的道路，能帮你的交际书写和谐的华章。

(4) 宽容

天下没有两片相同的树叶，也没有两个完全相同的人。俗话说，"尺有所短，寸有所长"，人的性格、特长各有差异，在处理人际关系中不能强求一致。人与人要和谐相处，就要有求同存异、相互谅解、不求全责备的宽广胸怀。既然我们自身都不完美，我们又怎能苛求他人完美无缺呢？在人际交往中，我们对他人的要求不要过分，不要强求于人，而要能让人时且让人，能容人处且容人。

人非圣贤，孰能无过？一旦对方犯了错误，我们也不要嫌弃，应给他提供改过的宽松条件，原谅别人的过失，帮助别人改正错误。"海纳百川，有容乃大"，古语又说，"水至清则无鱼，人至清则无友"，在工作和生活中，人们总是喜欢和那些宽容厚道的人交朋友，正所谓"宽则得众”。

(5)欣赏

希望得到别人的注意和肯定，这是人们共有的心理需求，而欣赏正是满足这种需求的一种交际方式。人际关系大师卡耐基说：“避免嫌弃人的方法，那就是发现对方的长处。”因此，在交际中我们应抱着欣赏的心态来对待每一个人，时时留心身边的人和事，多发现别人的优点和长处。赞美是欣赏的直接表达。有道是“良言一句三冬暖”，一句真诚的赞美往往可以给别人也给自己带来好心情。学会发现别人的长处并由衷地赞美吧，这是促进人际关系和谐的“润滑剂”。

(6)换位

在现实生活中，我们总是习惯从自己的主观判断出发为人处世，因而常导致一些误解的发生。所以，要达到彼此的认同和理解，避免误会和偏见，我们就要学会“换位思考”。所谓“换位”，即俗话说的“板凳调头坐”，就是要善于从对方的角度和处境认知对方的观念、体会对方的情感、发现对方处理问题的个性方式。

孔子有言，“己所不欲，勿施于人”，意思是自己所不想要的，不要施加到别人身上，说的就是这个道理。也正如一位哲人所说：“你希望别人怎样对待你，你就先怎样对待别人。”因此，交际中只要少一点自以为是，多一点换位思考，就会少一些误解和摩擦，多一些理解与和谐。

(7)弹性

一个人的人际关系不和谐，原因可能是多方面的，其中往往与他交际方式太死板，不留余地有关。因此，我们需要在交际中建立一个“弹性隔离带”，使自己、对方、甚或双方都能获得更大的回旋空间，以减少或避免一些不必要的摩擦或伤害。

比如说，在答应别人时，不要总是那么言之凿凿，一旦自己因客观原因无法兑现，岂不给对方以“言而无信”的印象。

在拒绝别人时，不要总是那么生硬地一口回绝，不妨先答应考虑一下，给自己留点回旋的空间，以便到时候“进退有据”。

在批评别人时，不要一味地高声大嗓，如果是在公众场合，最好点到为止，照顾一下对方的自尊。

与人争论或争吵时，不要口不择言地说些“过头话”“绝情语”，这不仅会严重伤害对方的感情，而且也往往使双方难以“下台”；在请人帮忙时，不要直接让对方按你的要求去做，一旦事情不该办或对方无能为力，难免会造成尴尬的僵局，等等。

大量实践表明：为自己的交往增加些弹性，给自己和他人都留些余地，有助于你的人际关系更加和谐。

(8)诚信

孔子说：“人而无信，不知其可。”诚信是无形的“名片”，关乎一个人的形象和品质。在现实生活中，不少人不讲诚信，连自己的亲朋好友都敢蒙骗，由此使得人与人之间信誉度降低，严重损害了人与人之间关系的和谐。

面对诚信的缺失，光是呼唤是不够的，我们每个人都是建设诚信大厦的砖瓦，需要我们从自身做起，从身边的一件件小事做起，如不要失信千人，对别人有求于我们的事，我们一旦答应了就要尽全力去办。

如果确因客观原因无法完成，就应向人家解释清楚，求得对方的谅解；要尽可能本色地做人，不要总是带着一副假面具与人交往，虚与委蛇；不要抱着“没有永远的朋友，只有永远的利益”的想法，以一种“利用”的心态与人交往，甚至做出“过河拆桥”的卑鄙之举；防人之心固然不可无，但也不必处处设防，总是用一种怀疑的眼光来看人，须知猜疑是人际关系的暗礁。

只要我们每个人都以自己的实际行动恪守诚信，相信诚信之火定能成燎原之势，到那时和谐的人际关系何愁不能建立？

(9) 合作

当今社会，人与人之间的竞争日益激烈，但这并不意味着合作变得可有可无。相反，随着社会分工的精细和工作内容智力成分比重的增加，许多工作不再依靠个体力量来完成，而要依靠团队合作来实现。一个人即使本领再大，是块“好铁”，但充其量又能打几颗“钉”呢？因此，合作是人际交往的基本准则，一个善于交际的人必定是个善于合作的人。在合作基础上竞争，在竞争基础上合作，是人际交往的基本态势。如果只讲竞争不要合作，那么竞争必定是不择手段的恶性竞争和无序竞争，人际关系的和谐也将无从谈起。

所以在人际交往中，我们应予对方多一些支持，少一些拆台；多一些协商，少一些固执；多一些沟通，少一些封闭。只有这样，我们的人际关系才能少一些紧张与摩擦，多一些温馨与和谐。

(10) 互惠

在现实生活中，人与人的关系之所以会出现不和谐的音符，产生一些矛盾和摩擦，其中就与一方某方面的利益受损有关。因此，要有效化解矛盾，消除摩擦，就不能太自私、“吃独食”，而应坚持“互惠”，追求“双赢”。

比如：在交际心态上，不要只想自己享受，不让别人舒服，更不能以置对方于死地为后快；考虑问题时不能只为自己着想而不为他人考虑，只顾眼前的利益而不考虑长远的利益；在双方意见不能统一时，可跳出“思维定式”，谋求一个折中方案：对利益有争议时，双方要坐下来诚恳协商，必要时不妨都作出一定的妥协，人际关系要达到和谐，必须保持一定的平衡，任何一个好的关系都是双方受益，如果一方长期受损，这种关系是长久不了的。

第七章　营造爱的港湾
——女人的爱情资本

爱情对于女人来说，是人生中最美好的东西，也是至关重要的东西。如果没有爱与被爱，女人的一切成功都将失去色彩。在物欲横流的今天，人们在内心依然憧憬着纯洁如玉的爱情。现实生活中，对于爱情，女人应当利用自身优势去经营爱情，赢得挚爱。

1.从“剩女”大军中突围

当你过了25岁，或者正踏在青春的尾巴上的时候，千万不要再天真地以为你还如18岁般青秀可人，可以轻易地把感情交托在花前月下的卿卿我我，而不在意结果。如花美眷，始终是敌不过似水流年。请记住，你已经过了那个可以洒脱地说“只在乎曾经拥有，不在乎天长地久”的妙龄。

现在，社会上的“剩女”是越来越多，而且绝大部分乍看起来都长得很漂亮，收拾得也很个性，事业也不错，但为什么就“剩”下了呢？从表面上看原因如下。

总认为自己很优秀，择偶眼光过高，对男方的长相、才华、学历、人品、经济、地域等各方面都很挑剔，结果择偶范围狭窄。

女权主义意识甚强，相处中，男方一旦有与自己观念不同的地方，她们便立即产生反感情绪。

习惯使她们只重视自己的感受，越来越个性化，越来越自我。比如，很多“剩女”有洁癖，一旦对方在卫生习惯等方面有她看不顺眼的地方，她便无法忍受。

猴子掰包谷，最后错过了最佳择偶时期。在当“剩女”之前，她们常常是众多男子追求的对象，可她总是觉得还会有更好的男士在等着她，最后就被剩下了。

很多人可能会因为一次刻骨铭心的恋爱所伤，从此固执地认为，她此生不会再有真正的爱了。于是，便有一种自残的心理。

事业上要追求成功，不仅仅她自己这样认为，就连她的家人、朋友和同事也如此鼓励她。加上情感上的伤害和空虚，导致她躲在自己的事业中，以此为寄托。

女权主义思想、自视过高、心灵的伤害等使几乎所有的剩女都有了不同程度的心理障碍。她们生怕找不到比周围女性朋友的丈夫更优秀的男人，遭人笑话。

凡此种种，若从根本上来找原因，应该是性格上的原因。这些人大多固执、自我、好强，对自己和别人要求非常苛刻。要改变这种悲剧性的命运，就要改变自己的这种性格。

总之一句话，要以最朴素的方式对待自己和别人，做一个再普通过的平凡人，做一个对功名不在意的人，那么，你的一切便平坦了。

女人虽“剩”，却不要忘记自我营销，懂得暗香盈袖的女人味才是优势，才能从“剩女”中突围。

(1)学会展示自己

男人是感性的动物，抓住男人的第一步是要抓住男人的五官，尤其是抓住男人的眼球。男人喜欢看衣着美丽的姑娘，男人很喜欢闻女士身上的香水，男人也喜欢女人美丽的声音等等。这样，女孩就不能羞于表现自己，尤其是见到自己喜欢的男孩更不能羞羞答答，相反，需要极力表现自己。

现在的社会在一定程度上是眼球的社会，谁抓住眼球谁就抓住了机会。恋爱也是一样，如何在众多女孩中脱颖而出，需要女孩自己的表现。

(2)高雅但不矫情

什么女人让男人怕？矫情的女人。什么女人尤其让男人怕？把矫情当高雅并乐此不疲的女人。偏偏这又是两个容易被混淆的概念。简要地说，高雅的女人不但喜欢手持高脚杯飘逸在鸡尾酒会之中，她也同样可以拎着易拉罐啤酒流连于海鲜大排档。而那些没有烛光就不叫晚餐的女士，恐怕还得“剩”。

(3) 自信而不自我

这是一种潜移默化的舒适。比如汽车即将驶入高速公路收费站，而他的两手既要抓着方向盘，又要忙着降下车窗，这时身边的女人体贴地递上数目合适的零钱，让他不至于太手忙脚乱，他就会感到这种舒适了。

没人要你俯首帖耳，只不过在他不方便时提供点方便而已。自信但不自我的女人最可爱。

(4) 寻找爱自己的人，不要强求寻求自己喜爱的人

女人对爱有朦胧感觉的时候，都希望找到一个自己喜欢的白马王子，这是正常的现象。但是真正的恋爱的时候，很多女人都发现自己寻找的对象始终没有出现；或者出现了以后，却发现对方根本不爱自己，于是很多人陷入了苦恼。

其实男人更多的是寻找自己钟爱的女孩。得到自己心仪的女孩，男人相对会珍惜；如果男人是被女人勉强追到的，往往出轨的概率很大，因为他心目中始终有一个自己喜欢的女孩。只要这个女孩出现，男人一般来说控制不了自己。

与其找自己喜欢的人，还不如被别人喜欢。

(5) 诱人而不缠人

见过马戏团演出吗？无论是聪明的大象还是憨态可掬的黑熊，都会在完成表演后得到一块喜欢的糖果或者小点心。驯兽师是务实的，他明白要想让这些庞然大物乖巧听话，糖果比鞭子更有效。如果没完没了地驱使，累倒在其次，熊脾气上来还有可能罢工。

对男人也一样，吸引永远比督促管用。多展示你的魅力，少索取他的承诺，天天缠着他只会让他压力过大。如果认为还是缠着保险，也无妨，这里的区别仅仅是自信二字。

(6) 尊重男人的追求

有很多女性朋友对自己不喜欢的男人的追求很冷淡，甚至很无礼。这是一个没有礼貌和修养的表现。其实真正的爱不在被追求者手里，而在追求者手里。对于男人的追求，女人不要一味拒绝，可以试试聊聊，但不要深入，如果发现对方根本不适合自己，可以委婉地拒绝。这样一方面学到了和男人打交道的方法，另一个方面对男人也有了更多的了解。有几次“试恋爱”的机会对女人来说绝对是件好事，只是可惜好多女人在没有接触过男人的情况下就成为剩女。

(7) 执著而不偏执

等待一个男人，他在人格上尊重你、在责任上有担当、在物质上不寒酸、在修养上不粗鄙，那么这是执著的“嫁个好男人”。等待一个男人，他要既富有又英俊、既浪漫又专一、既睿智又年轻……那么这是偏执的“非精英不嫁”。这样的完美男人存在吗？也许存在吧？但是他凭什么一定要娶你呢？

(8) 学会坚强

吸引别人的前提是调整好自己。能够忍受孤独和艰辛才不会急切地寻求陪伴，即使宽厚的肩膀也要辨别之后再依靠。

(9) 风流而不下流

风流与下流，都与女性的娇媚有关，但却是有分寸差别：娇媚表现得恰到好处则为风流，娇媚得过分了则为下流。通常，所谓风流是先天的，下流则属于后天的。不具有风流特性的女人，男人会感到索然无味；有这些特征的可称为是下流：穿着令人作呕的内衣；口臭；牙齿黑；声音浑浊；常说些下流不正经的话；吃东西时发出声音；造谣生事。

(10) 学会利用自己女性朋友来打开自己的交际圈

因为工作的原因，很多女孩没有机会接触男性，但是这是相对的。女性在寻找男性的过程中，可以利用身边女性的圈子打开自己的交际圈，从而有机会认识到更多的男性。

(11) 恋爱失败是正常现象，不要因噎废食

青春期找对象谈恋爱乃至于结婚对青年人来说是很正常的一件事情。就像我们做其他事情一样，有的顺利、有的坎坷、有人幸福、有人痛苦……

恋爱婚姻的本身就是两个不了解的人通过接触，相互了解，彼此选择，不可能第一次认识一个男人就能完成理想中的恋爱和婚姻。相反，如果恋爱过程中有失败，或者挫折，这不仅不是一件坏事，还能够帮助女人更加认识人生。所以坚定寻找爱的信心，不断努力寻找才能找到自己的另一半。

(12) 眼光不要太高

婚姻可以改变女人的生活，但是不能改变女人命运。很多女孩希望嫁入豪门，这本身就是一件危险赌注。

女人嫁给男人在一定程度上是嫁给男人的未来而不是嫁给男人的现在。很多男人家庭很好，但是没有潜质，尤其没有拼搏的精神，这样，婚后的生活是很危险的。

有很多的弱势男人，他们没有显赫的家庭背景，但是这些男人经历了艰难困苦，对社会和事业有了一定的积累。他们已经具备克服人生道路上一切困难的能力，只是目前他们还是沙里的金子。和这样男人在一起，他们会更加珍惜和爱护女人。

爱情是实实在在的，攀高枝可能让别人羡慕，但是这只是爱情的面子；嫁给实实在在的男人，也许别人觉得你委屈，但是享受真爱是爱情的里子。希望女性朋友能抛弃虚幻的面子，去寻找和珍惜幸福的里子。

2.8 个你最不解的男人想法

平常都说女人的想法最多，其实男人的想法也很多，以下为8个你最想知道的男人想法。

(1)关于男人在街上看美女

每个男人都喜欢美女，不管他嘴上承不承认，男人都爱看美女，即使他知道这个女人对自己没好感，但男人都会给美女一点小的优待(美女比丑女的工资多11%)。不能说男人犯贱，人的天性就是爱美的，无论男女，别太在意你的男友对街上的女人多看两眼，他们都是有色心没色胆，有色胆的大部分在牢里。

你要是将一个裸体美女丢给他抱，他一定觉得害怕。男人对美女的热情永远会随着时间的推移而减弱，下跌速度必然超过时间增长率。

喜新厌旧是男人的另一大缺点，在当今的社会里越有钱越能洁身自好的男人的确少，不然那么多夜总会都靠什么维持呢？不管你是不是美女，我想你是真心想得到一份真挚长久的感情，那就学会睁一只眼闭一只眼，只要他心里还有你，就不会为了一个美女而影响你们之间的感情，你只要不为了他偷瞄的两眼跟他翻脸，他的那点视觉刺激不会比一个冰淇淋的效用更长。

聪明的女人会这样鞭策男友，主动指着街上的一个美女问男友：她漂亮不？（千万别问，她比我漂亮不？切记！）矫正效果会比全智贤那套更好。

(2)关于男人对女人身材的要求

男人对女友身材的要求决不是大多数女性认为的那样。其实没有哪个男人真的希望自己的女人有90、60、89的身材，如果哪位女性受上天眷顾有副魔鬼身材，那她碰上好男人的概率真的是很低的。原因其实很简单，男人只是觉得那样的女人不过是在街上用来瞄两眼的，并不需要真的娶回家。如果有哪位女性觉得自己的上围已经有了C还觉得小，需要再大点，她一定是想自毁幸福。

不得不承认男人有个普遍的阴暗心理：总希望能和一个三围够好的女人来次激情的邂逅，然后负不负责任就不用考虑了。女人千万别在意男人偶尔的挑衅，即使他指着乔丹的肥胸刺激你，你就视而不见，闷着他，他一会就好了，而且百分百会凑过来搂着你说一堆甜言蜜语。男人的真实感言：就算花花公子拍的照片再好，总不如自己摸得到的更好！

(3)关于男人陪女人逛街的问题

男人对于逛街并不反感，谁不需要买点东西？一件合身的西服，一双高级男鞋或是一块好手表都是男性公民在职场的必需品。我就不信哪个男人没自己想过要去街上买点东西！

关键是男人的习惯是直奔主题，他们不会在一件没想过要买的东西上停留哪怕1秒钟的时间。男人的想法是：既然不买，为什么要看？！女人偏偏不同，她们觉得逛街的理由太多了：①打发时间；②散散心；③知道哪里在打折可以成为下午茶的谈资；④新商场，没进去逛过；⑤变相减肥；⑥不知道该干什么好；⑦拉动内需；⑧我看那个专卖店的小姐不顺眼，试它个几十件就是不买……最后，我好像总是缺点什么。上帝赋予我们不同的性别，也赋予了我们对生活的不同理解。

当女人拉着男人拼命逛的时候，男人基本在想这么几件事：①她什么时候能逛好？②她到底要买什么？③我还剩多少钱？④我是否需要开溜？⑤那件衣服很好！（看到性感装时）⑥女人，真受不了！！！⑦快点买吧！！⑧我很爱她，我要坚持！

其实耐心点的男人或是比较成熟的男人都会坚持下去，虽然心里不爽。他们抱怨的其实是为了逛接而浪费的时间，并不是这个女人本身或是逛街本身。一位衣着得体，落落大方的女友是男人另一种奢侈品，正常男人都喜欢的很。女人要明白，不管你带着他逛街是为了多个行李工或是移动提款机，都要注意分寸。

让男人好好地陪你逛街要记住三点：①别把他搞得太累或太穷；②出门前也问问他想买点什么；③运用你的聪明才智，尽量让你需要的在中间买，他需要的在开始和最后买。

(4)关于男人对女性智慧的看法

99％的男人希望自己的女人比自己笨(除了在做家务这方面)。那他们为什么会这样想呢？最主要的原因在于安全感，女性的聪明才智在男人的眼中是一把尖刀。男人希望陪在她身边的是一个绝对安全的人，而不是一个藏有一把尖刀的人，即使拥有尖刀的人非常爱他。

可是这个尖刀的概念又从何而来呢？是男人自己创造的。几千年的世俗想法，加上人类习惯性的自欺欺人，使男人觉得女人的聪明才智是个威胁。

男人自己套的枷锁要让女人来承担这并不公平，可是改变这些决不是一朝一夕的事。这是男人的一个诟病，女性朋友在这方面要采取以退为进的策略——你要藏起你的尖刀。男人习惯于轻视女性的才智早就是一个全民的习惯，因此，巧妙地伪装自己的聪明才智并不难。男人获得的是他需要的安全感，而你则可以成为真正的幕后推动者。

你不必每件事都给他出主意，你要做的就是在他没辙时，给他一个建议，或是帮他补个小漏洞。如此这番后他即使明白了你私藏武器，也会安心接受，并且不自然地顺着你的意思走。男人的真实感言：你可以比我聪明，但你要天天装傻！

(5)关于男人对家务的态度

男人对家务的态度向来是一致的：那全都是女人的事。在男人看来，所谓家务就两件事，洗衣服和做饭，事实上决不是他说的那么简单。偶尔让他换个灯泡还行，让他做其他的事，他肯定把头摇成拨浪鼓。如果一个事业有成的男人要是知道怎么红烧鲫鱼就会被惊为天人！但是如果一个女硕士不会做糖醋小排，那她就会被看做很没用的人！男人在抛弃了一部分做家务的职责时，并没能真正意识到女性同胞在这方面做出的牺牲，这才是男女之间的真正矛盾。

你让一个在公司劳累了一天的人，回到家还要当免费钟点工，换了谁都不是那么情愿的。他（她）需要的是一顿丰盛的晚餐和舒服的热水澡，然后钻进温暖的被窝拥抱所爱的人。当现实摆在眼前，总有一个人要做的时候，男人会很坚决地拒绝或是找出种种理由逃避。

现今这个社会中做家务的男人越来越多，不会做家务的女人也越来越多。最直接的原因是女性在家中的经济地位在提高，次要原因是“供求关系”，男女比例为118：100。当男人不得不做的时候，他的心里是复杂的，女人应该给予足够的指导和鼓励，大可把他当成小孩子，连哄带骗也可以。（女性传统战法二：孺子可教！）

另：让男人做家务是可遇不可求的事，建议女人在这方面要想开点，不能让不平衡的心理影响两个人的感情，毕竟男人还是愿意在其他方面做出让步和补偿的，怎么谈就要因人而异了。

(6)关于男人如何看待女人的“作”

“现在的女人真作！”几乎每个我认识的男人都向我抱怨过，套用一句老调：不是我不明白，这世界变化快！当传统的上一代对现在女人的“作”看不明白时，我们这一代却以惊人的速度适应了，男人对应的是一个“忍”，心上放了一把刀，一字千钧，男人非常讨厌女人作，非常非常非常地讨厌，因为男人从不认为“作”也是一种情调。

女人的想法会复杂许多，她们“作”的理由有上千种再加上一种没有理由的理由，男人是万万招架不过来的。当女人把“作”当成两人相处时的调剂品，那没有理由的理由的“作”就犹如冒烟的手雷——随时会响！

简单点说男人讨厌“作”和讨厌逛街有着类似的理由：烦人！女人的“作”可以当做对男人感情的试金石，但不要忘了试金石不是磨刀石，不需要天天磨，月月磨。

在合情合理的前提下，相隔一段不短的时间下，偶尔的来上一次绝不会有男人不包容你的！要让男人觉得那是另一种情趣，不是受罪，因为没人想受罪。

(7) 关于男人对另一半的要求

无论是怎样的男人，心里都曾梦想过自己的另一半是个什么样子。随着年龄和阅历的增加，他对另一半的描述会越来越详细，条条框框的东西也会越来越多。其实这是男人给自己套的另一副枷锁，他们以为这些都是非常重要的，往往忽视了感情本身才最重要。什么身高啊，学历啊，家庭背景啊，相貌啊，都会成为发展感情的障碍。

在收入较高的男性圈子中，“挑一个”的心态很严重，男人只是把女人当成自己的另一件奢侈品，他们只是在竞争，竞争谁的女友身材更好，谁的女友更听话，所以说优秀的好男人越来越少。似乎不找个漂亮的就不算成功，没有几个人知道诸葛亮为什么找了一个很丑的老婆。

而更多的男人只是一个普通人，说实话，他们对异性的梦想各种各样，但他们并不会真的挑剔对方。他们更看重女性天生的温柔和善良，贤妻良母已是最高要求。由于现在的供求关系失衡，女性身价看涨，面对众星捧月的时候难免有点飘飘然，一失足就有可能错过那个最适合自己的人。

其实很多男人只求两个人恩恩爱爱，快快乐乐。

(8)关于男人面对曾经真心爱过的旧情人时的内心想法

男人失去一个情人，就如同他失去了一份财产，爱得越深，损失的越惨重。那份伤痛会一直陪伴他，尽管会随着时间的推移渐渐淡忘，但那就像身上的瘢痕一样无法磨灭。一个越重感情的人越有责任感，无论他是否真的适合你，至少他属于好男人这一类。

通常这种男人在重新开始了一段新的感情后，对前任的不满情绪会很快淡忘。离别之后的偶然重逢，他给你的会是一个简单的微笑，一杯热茶或是一声礼貌的问候。他也许会执著地想知道曾经的你对他的感情是否真切，你可以如实地告诉他，如同谈论别人的事一样轻描淡写，其实他们真正想听到的是：你对他是认真的。

从过去的情人那里，男人想得到更多的肯定，这对他们是非常重要的，因为男人觉得这种评价更客观更真实。换种情况，他还没有开始新的感情旅途，他的内心烦躁而且矛盾，建议你避开他。

此时的他如同受伤的野兽，很容易就会丧失理性，有可能伤害你或者他自己，别给他这种机会和理由，即使他故意挑衅你，也不要回应，还是让时间慢慢磨平他的獠牙吧。无论是哪种人，要接受一个他不愿接受的事实总需要点时间的。

平淡的气氛，和解的态度是重中之重，走极端的人毕竟是少数，不是非要分出个恩仇来的。男性如果真的有过激行为，事后他必然会懊悔，因为他也明白他所做的一切毫无意义。

3.远离十三个错误的结婚理由

(1)降格以求,为结婚而结婚

这显然是最愚蠢的错误。

(2)为了逃离家庭

这是女孩子普遍会犯下的错误。为了脱离不快乐的家,或者逃避管束,向往自由,女孩子经常会借结婚来达到目的。其实,这根本是一种虚幻式的假独立。

(3)奉儿女之命

你会感到诧异,尽管避孕这么方便,这样的老故事发生的频率依然很高。尽管新时代的版本稍有不同,女性在胁迫男方结婚之时,虽然表示她勇于做未婚妈妈,不过仍是新瓶装旧酒。只怕想要套牢别人的心,自己也被套牢了。

(4)为了违抗父母之命

不管是父母认为子女太年轻也好,还是认为子女选择的爱人不适当,都可能引起强烈的逆反心理。尤其是具有叛逆性格的当事人,往往更会为了反抗而反抗。不过,要提醒你的是,这却可能是反抗父母主张最危险最糟糕的一次。

(5)女人找座金山来靠

一切向钱看,尽管求财得财,只怕其他方面未必如意呢。

(6)只为了他是帅哥

俊男美女人人都爱,美貌的威力所向披靡。只是除了美貌,其他必备条件都付诸阙如，可就成了大悲剧，而且，别忘了外貌的折旧率很高哦。

(7) 为了欲望

信不信由你，男性更容易成为欲望的受害者。男人常常娶的并非心目中的最爱，而是用欲望来牵制他们的女人。

(8) 因为我寂寞

现代人天不怕地不怕，就怕寂寞。男人女人就这样因为寂寞而纠缠下去了。宁愿争吵打杀，也觉胜过孤单一人。

(9) 寻求安全感

安全感这东西，除了自己给自己，别人是给不了的。想想看，原来情愿给你依靠的肩膀，又不情愿了，你能怎么办？

(10) 摆脱单身

许多女人还是不相信晚婚和不婚都可以是一种成熟的选择。生理时钟的催促、社会压力、惧做高龄产妇等因素，都会让人为了打破单身情况而结婚。最荒谬的是，有一位女性告诉我，即使结婚一个星期就离婚，也非得结一次婚不可。

(11) 想当新娘

太夸张了吧？不过，的确有不少这样的荒唐女人，把结婚当成节日。化妆啦、拍照啦、宴客啦，不仅好玩，而且圆了新娘梦。殊不知很多人都只当了一日公主。

(12) 恋爱必须结婚

其实，恋爱不一定要结婚。现代人的一生都有许多次的恋爱机会，像珠串一样，每一颗都自有其圆满和风华。

(13) 因为年龄

真正的爱是不会因为你的年龄来决定你的幸福的。如果因为年龄没有好好选择一位可以让你在生活、个性、心灵上各方面契合的另一半，不就又掉落在真正的爱情坟墓里了吗？你就要每天过这无趣的生活。那只是活在牢里，这是女孩子最常犯下的错误。

问题一：我们有共同的生活目标吗？

如果你已结婚20或30年，那是一段很长的时间。你们计划如何过这段时间呢？一起吃饭，跑步？你必须和他(她)分享更深更有意义的事情，你们必须有共同的生活目标。

在一个婚姻里有两种情形会发生：你们可以一起成长，或者各自成长。百分之五十的人是各自成长的，要使得婚姻成功你必须知道在生活底线上，你要的是什么，然后嫁一个和你一样的人。

问题二：和他分享感觉与思想时，觉得安全吗？

这个问题和你们关系的品质有关，"觉得安全"意思是说你能开诚布公地和这个人沟通，良好的沟通基础是信任。对自己诚实点！确定你要结婚的对象是你在情感上觉得很安全的。

问题三：他是个值得敬佩，很特别的人吗？

这个问题的意思是：他是个高贵而敏感的人吗？你怎么测试他(她)呢？

这里有些建议：他是否以一般的基础作为个人成长的方法？他(她)是否认真地改善自己？有人对"好人"下了一个定义，那就是某个常力争上游并做正确的事的人。所以问问你的另一半：他如何利用他(她)的时间？

基本上这个世界有两种人：一种是致力于个人成长的人，另一种则是寻求舒适生活的人。那种将舒适生活列为目标的人，会把个人的享受摆在第一位。在与他走上红地毯以前，你必须要知道这点。

问题四：他如何对待其他人？

促进人际关系最重要的是给予的能力。所谓的给予，是使他人快乐的能力。看看这个人是否很喜欢给予？他对那些毫无关系的人是怎样的情形？

例如：侍者，公车司机等。他如何对待父母和兄弟姐妹？他懂得感激吗？如果他对那个给他所有东西的人都不懂得感激，不要期望他会感激你。

他会八卦并且说别人的坏话吗？会八卦的人不会是懂得爱人的，你可以很确定如果他对别人不好，对你也不会好的。

问题五：婚后是否希望改变这个人？

有太多的人犯了这个错误，就是希望在婚后“改变”他的配偶。你可能希望某人在婚后改变……可能会变得更差，如果你无法完全接受他(她)现在的样子，你就还没有准备好要结婚。总的来说，恋爱阶段你要多用点头脑少用点心。

选择终身伴侣不能只以爱为基础，这也许听起来不太正确但其中有深奥的道理存在。爱，不是结婚的唯一基础，但它是一个好婚姻的结果：你不可以只用爱来营造一个终身的关系，你需要更多。

4．女追男，真的隔层纱？

都说“女追男隔层纱”，仿佛只要你有勇气捅破这层纱，得到男人的心就如囊中取物。其实不然！爱情速食化的今天，还有那么多面临爱他在心口难开的女人上下求索，只因她们缺乏一套步骤清晰的战略方针！

(1)鼓励自己的名言

有几个女人是因为灵魂的美而被爱呢？——张爱玲

不要对苦练内在修行以追上对你的外形心存顾虑的男人抱太多希望。

女人的追求其实只是用行动告诉这个男人，请你追求我！意思是拉开架势，垂下鱼线，愿者上钩而已。——张小娴

即使那条鱼是龙王三太子，你也要保持钓鱼者的矜持与高贵。

一开始就给自己设置底线，一旦追不上尽快解脱。不停受挫却不停地追，往往不是因为你爱他有多深，而是咽不下那口气。

男追女，像喝茶，开始没觉得好，慢慢越品越有味；女追男，开始感觉像喝橘子水，到最后越冲越淡，像白开水。——吴若权

想好再去追，别一时冲动追到手才发现是白开水。

①点到即止

闫丽，25岁，网络公司客户经理。

他是我的客户，初次见面本来约好10点，他临时有事推迟到11点，我们谈完已经到了午饭时间，他说第一次见面就让你久等，不如

我请你吃饭赔罪吧。我压抑着咚咚乱跳的心，假装为难地考虑了一下，说对不起我发个短信，本来和朋友约好一起吃饭的。然后对着手机乱按了一气。

他不仅请我吃了饭还给我生意做，我没理由不回请他。第二次一起吃饭，我们之间随意了许多。三天后，我买了条领带送给他，谢谢他对我工作的支持。再三天后，我以自己生日为名请他出来吃饭。我一个星期主动约了他三次，这已经不是一个寻常的数字。好啦，如果他有意，该明白我的心，如果无意，我再努力也没用。

我收手。两周后，他约我吃饭。见面的第一句话是，你好像突然失踪了，我很不习惯。我微笑，知道自己成功了。

②追男指南

虽然一见钟情，却在对方要求一起吃饭时适当矜持并最后决定推掉别人的饭局。这个小花招对他有两点暗示：

A．有很多人想跟我一起吃饭，我的人缘很不错；

B．我推掉了别人，说明我重视你。

一星期约人家三次，真可算死缠烂打。不过只要找到合情合理的理由，并在约会时保持矜持与可爱，让他觉得——

这是个可爱的女孩，对我也挺有意思的，我是不是应该追求她？

主动几次后见好就收，无论如何他都会想——

人家女孩子主动几次了，于公于私、于情于理，我都应该主动一下。

(2)短信平台

王静瑶，27岁，文员。

上次去广州出差我有些迫不及待，我跟他虽然每次都是因为工作沟通而见面，但我能感觉到彼此之间的默契。回深圳时，他照例开车送我去车站，似乎有点儿依依不舍的意思。

到了火车站，他说我走了。我点头，心想，如果他就此挥手作别，我便打消非分之想。如果他站在车窗外直到火车开动，我就发短信给他。

他犹豫了一下终于下车，站在车窗外目送我离去。我暗暗地想，这个男人是天性温吞喜欢日久生情，还是对每个女人都如此细心关照呢？赌一次吧，我发短信给他，“天气预报说广州近几天降温，你要小心身体，照顾好自己。”

忐忑不安地过了半小时，终于等到他的回复“不好意思，一直在开车，刚看到短信，你也别总熬夜，有什么事随时打我电话。”我拿着手机，内心充满喜悦。

第二天，我发了一条短信，“我感冒了，昨晚发烧到39度。”一连接到他三条问候的短信。男人大约特别容易因怜生爱，我没再回他，让他担心一下吧！

晚上九点，我又发了一条信息给他。“我在看漫画。刀刀说，一个人并不孤单，孤单的是想另外一个人。”他的电话马上打过来了，问我：“你住在哪里，我刚开车到深圳。”

追男指南——

短信是女追男首选，貌似随意，却可以打持久战，即使被拒绝也不显得尴尬。

只要把握似是而非的原则，自己创作并不难。也可转发暧昧指数更高的短信，男人很吃这一套。

在短信中表示对他恰到好处的关心，给他一种耐人回味的感觉。

如果从第一条短信开始暧昧，你则容易成为被男人占便宜的三流追求者。在未探明他的态度之前，最安全的短信内容是对他表示礼貌而恰当的关心，倘若他对你印象不坏，定会心知肚明。

偶尔小女人般地“示弱”，激发他的怜爱之心。

他拿着手机看你诸如“头痛”“不舒服”“我感冒了”……之类的柔弱状，肯定不会看过就算了的，透过他的回复就可略知一二他对你的好感程度。

(3) 切莫空耗青春

钱筠，27岁，瑜伽教练。

我喜欢他，于是勇敢去追。送他礼物、帮他洗衣服、他生病了我请假照顾他。他从没有拒绝，但也没说喜欢我。很高兴时会夸我是个好女孩。我以为他羞于表达。然而半年后，他突然去追另外一个女孩子了。我哭了，他拍着我的肩说，我们是朋友，我以为你一开始就知道呢。

三不男人信条：闲来无事享受一下女人对他的好，不主动、不拒绝、不负责任。

(4) 不要颜面扫地

罗铃，23岁，护士。

他忧郁腼腆，特别有艺术家气质，一定喜欢浪漫的求爱方式。于是我请江西的朋友空运了一簇他老家三清山的杜鹃花。

像扛着一株小树一样站在他公司楼下，下班的人流中无数双眼睛盯着我，这正是我心目中最浪漫的效果。终于，他出来了，我把花递给他，他红着脸，头一低便闪身而过。我一个人站在人来人往的繁华路段，像个大傻瓜。

胆小男人信条：攻势猛烈地追求男人的女人，不是太强势搞不定就是花心靠不住。

(5) 女追男十大糗

①送花

最大限度挑战他的男儿本色，要知道女追男已经是一种挑战了。

②写情书

白纸黑字或电脑存档，一旦失败羞辱将永远保存，还洋洋洒洒N多字。

③拉横幅

久盛未衰的最流行之男追女的招数，反过来用在女追男上，就算他对你有心也会被吓跑。

④直接对他说我爱你

如果他是腼腆型，会因你火力太猛而不知如何是好，如果他是外向型，会因失去了第一次说“我爱你”的权力而不爽。

⑤肉搏战

夏天，肉搏战比较容易让他无法抗拒。然而如果他无法抗拒的只是你暴露过多的身体，占过便宜就跑你就死得太难看了。

⑥自我吹嘘

从公司杰青到天才儿童，以为把自己描绘成希拉里就能迫使他主动出击，忘了人家需要的是老婆而不是CEO。

⑦守株待兔

长发美女每天守在公司楼下或家门口，横听竖看都像鬼故事。

⑧送豪礼

因豪礼而爱上你的男人你养不起，如果他不是这样的男人，你又何必破费送豪礼？

⑨自己低到尘埃里

“你现在可能不爱我，但我愿意等。”“我知道自己配不上你，然而我是世界上最爱你的人。”这样的爱情，就算得到了，以后男人变心变意也会振振有词：“我本来都不爱你，是你死缠烂打来着。”

⑩扮作免费全职钟点工

无微不至的照顾能用白不用，用了也白用。

(6)男人的借口与女人的底线

美国一项社会调查资料显示，面对追求自己的女性，有勇气或者愿意直接拒绝的只有7%。也就是说93%的男性会与对自己示好的女性暧昧不清，然而其中只有36%的人会最终真正爱上她们。剩余64%“调戏”了女性情感的家伙根本不承认自己态度不清，他们说我不忍心伤害她，所以拒绝得很委婉。

识破男人“委婉的拒绝”与为自己设置底线，都是确保你不将大好光阴浪费在一个“三不”男人身上的良方。

①男人五大经典拒绝借口

你是一个好女孩，应该找个比我更好的。

再给我点时间，我想好好考虑一下。

我想跟你在一起，但是怕将来某天不得已分手了，大家连朋友都做不了。

我还无法从前段恋情中完全解脱出来，不如我们先做好朋友。

不是吧，我一直把你当哥们儿看。

②女人的底线

时间期限：三个月

无论暗示还是明示，最多给自己三个月时间。如果在这期间，他不能如你对他那样对你好，不能说出我爱你，不能把你作为恋人介绍给他的朋友。事实上他已经拒绝了你的爱情，只是在享受你的关心。

行为底线：暧昧

送礼物必须有响当当的理由，限一次；表露心迹最好借酒装疯或在众人面前说“我好喜欢你”，有心者知道是真，无心者以为是玩笑；约请他参加活动被推辞最多三次（一次两次可以是真加班，三次都有事就是不想来啦）。

相处底线：多人

多创造一些在众人面前共处的机会，比如拖他来参加你的生日PARTY，结伴与驴友同游等。给双方互相深入了解的机会，也可见机行事地在适当场合合理暗示你的爱慕之情。孤男寡女单独相处，你的暗示一旦被拒绝会比较难过，而男人又可能由于荷尔蒙分泌紊乱而导致对你图谋不轨，造成爱情假象。

5.男人为什么总在乎女人的过去

有很多男人对女人表示："没关系，我爱的是现在的你，对你的过去并不在乎。"其实，这完全是自欺欺人的谎言。男人永远在乎女友的过去。

日本现代著名作家高见顺的小说《生命树》里有这样一段情节：某酒吧女招待交上了一个男友，此人想方设法了解到她过去曾有一个情人，并被其割破了脸。于是，当此人夜里梦见她与旧情人同床共眠，便粗鲁地摇醒她并质问道："你一直都在想着他，他身上一定有什么特殊的东西吸引你！"这个女招待伤心地说："他只不过割破了我一块脸皮，但是，你比他更残忍！"

许多男人在跟恋爱对象关系发展到一定程度后，都会这样询问："你跟我来往之前，喜欢过谁？他是干什么的？""那是多久以前的事？你们的关系发展到什么程度？"这种追问的口气，有时厉害得像是个"辨其扑朔，澄其迷离"的办案刑警，有时却柔和得像慈祥的祖母。这就是男人！这种对女人的过去纠缠不休的习癖，到底是由何而来？

当双方都陷入情网时，女性对探索男人的过去兴趣不浓，而男性对女人的过去，却兴致勃勃，不问个水落石出，是不会甘心的，为什么男人有这样的心理行为呢？

第一，男性妒火之烈超过女性

有人认为，嫉妒是女性的专利，这实在是一种错误的观点，许多男性的嫉妒之心更甚于女性。莎士比亚有一部名剧叫《奥赛罗》，其主人公奥赛罗因为猜忌其妻子与其他男人有过来往，竟然活活将其扼死。

第二，男性的独占欲望极强

假如目前她已是他的女朋友，但男人对眼前这种独占犹感不足，就连她的“过去”也想据为已有，即使明知这是不现实的事，也硬要如此，这种欲望如果达到恶胜膨胀，就会产生一些不正常的现象。例如，女友跟他的家庭、朋友亲近，他就一脸不悦，甚至看她喜欢一只尖嘴狗，他也要拉下脸来。也就是说，只准她关怀他，最好丝毫不关心他以外的任何人。这种近乎变态心理所产生的结果，有时是很吓人的。

意大利象征主义诗人邓南遮，在他的代表作《死的胜利》里就描写了这样的一位男主角，他为了永远占有女主角，竟然逼她与自己一起殉情。许多当代青年知识分子，对建立家庭之后生孩子感到很恐惧，他们认为一旦有了孩子，妻子就会把对自己的感情的大部分转移到孩子身上，这是他们不情愿的。许多男人竟然认为孩子是影响夫妻感情的“第三者”。由此可见，男人的占有欲强烈到多么惊人的程度。

第三，许多男人认为，探究女友的过去，是自己的一种权利

所以，他们百般盘问女人的过去而丝毫不觉得自己度量狭小，而不觉得难为情，这样的男人比比皆是。而女性则不同，她们只重视男朋友的现在和将来，对他们的过去，虽然也感兴趣，但总不像男性那样爱刨根问底。她们或许这样想：“就算他过去有过什么风流轶事，把它挂在心上又能怎样呢？还不是白费精神！”女人之所以能有这种宽容心理，主要是因为社会对男人的宽容影响了她们。

传统的社会观念对男人的要求不是那么严格的，男人可以讨几房太太，男人可以上妓院，男人可以捧旦角，以至于女人对男人的风

流只能睁一只眼闭一只限，只求对自己好就心满意足了。

现代女人对男人的认识还留有过去的影子，要说有进步，就是要求男性现在和将来相对安分守已一些，而对男人的过去，一般就不去追究了。而传统社会对女人的要求却严格到苛刻的程度，以至于到现在还有大量男人认为自己有权知道爱人的一切生活经历。

因此，我们经常可以看到这样的现象：一个很好的女孩可以嫁给一个过去很坏的男人，而一个男人却不会娶一个过去很坏、而现在却非常好的女人。这就是说，女性的“水性杨花”或不守规矩并没有受到男人的宽容，男人的思想里面藏着这样一个为社会公认的观念：男人所娶的妻子必须在过去、现在以至将来都是纯洁的。

在探问女性过去的时候，是轻描淡写地探问几句，还是穷追不舍，这就要看男方的性格了。个性阴险，心胸狭窄的男人，大概要粘粘叨叨，无尽无休，当女方“自白”了一件事，他就立刻追问第二件，作了第二件“自白”，就强迫她作出第三件“自白”，如此一步紧似一步，逼迫不歇。

现在有许多杂志社，常收到一些女青年提的这样一类问题：“自己失足的过去，是不是该向对方坦白？”坦白的结果很可能是惹出更多麻烦。当然，最理想的方法应该是婚前彼此坦白，获得谅解后再论及婚嫁。道理虽然如此，但残酷的事实却往往粉碎了许多纯情女孩的美梦！婚前听到女方的坦白，而情感发生动摇的男人并不少见。

在小说《德伯家的苔丝》中，当男主角于新婚之夜听到苔丝失身的经过时，当夜就离家出走了。虽然后来良心发现，又回到了苔丝身旁，但苔丝的命运已经发生了大的变化，其悲剧已不可避免。

因而，有过失身经历的女性，完全可以不告诉对方自己的过去，而不必去经受良心的谴责。试想，一个男人，如果你欺骗了他，他会感到很幸福，而你如果揭穿了事实，则会强夺了他的幸福。相比之下更道德的，应该是前者。

6.尖锐问题检讨你的恋爱地位

很多女孩子有这样的困惑，随着交往时间的增加，双方力量也进入了此消彼长的阶段，过去那个耐心听话的男友渐渐变得暴躁起来，两人之中的主导地位渐渐被他占据。这是为什么？

(1)你能独立做事吗?

如果你敢于在没有男友的陪伴下跑去西藏旅游，相信没有一个男人敢小看你！

你身上散发的不羁和勇气让男人感到他无法掌控你，所以他也不会轻易在你面前造次。

佳瑞对自己现在的居所非常不满意，她天天在报纸上寻找房屋出租信息，并请男友帮她出主意。男友对此并不积极，令佳瑞非常恼火。

于是佳瑞自己找到了一套公寓，考察了各方面的条件以后，干脆利落地搬了进去。她打电话请了一家搬家公司，根本没有向男友求助。

男友看到佳瑞的新居后瞠目结舌，非常懊悔没有来帮忙。

事后佳瑞笑着对朋友说："现在他经常问我家里的各种设施是否运作正常，如果有问题他马上积极解决。"

(2)你自信吗?

并不是每个女孩都是美若天仙，但每个女孩都可以做到非常自信。

如果你相貌不够精致，至少你还有曼妙的身段；如果身段不够曼妙，至少你有聪敏和幽默；如果你也不够睿智，至少你有善良心灵和花样年华，每一条都是响当当的资本，足够你来充实自己的自信心。

只要你有足够的自信，你身边的男友就不敢轻易取笑你的缺点。即使他说了什么，你也应嗤之以鼻。当然，这姿态是做给他看的，自己心里还是要明白“知错就改”。

(3) Money 的作用

当一个女孩希望不再看男友的脸色，那么她首先应该做到的是为自己喜欢的东西买单。

为了达到这个目的，她必须拥有自己的收入和银行账户。找一个有钱的男朋友的确是一件很有面子的事情，可男人并不像我们想象的那样慷慨，如果你长时间地依赖他的钱包，脾气再好的男人也会变得跋扈起来。

来听听雨亭的经历：他是一家ＩＴ 公司的部门经理，薪水很高。他用了半年的时间耐心追求我，因为他说他喜欢像我这样骄傲、个性强的女孩。

开始交往后，所有约会的开销都是由他付账。我有时甚至会想：如果男友的钱够两个人花了，我干吗还要工作？

我的性格急躁，有矛盾的时候就会跟他理论，开始他非常让着我，耐心地哄我高兴。可一年之后，他的脾气慢慢变坏了。

终于有一天，我无意中评论他的穿衣品位时，他冷笑着说：“至少我不用花别人的钱来扮靓。”

(4) 你们的约会由谁来倡议？

如果你每周主动约他的时间超过 3 次，那么听我的，至少削减掉 2 次。

正常情况下，一周中有几个晚上你是和男友一起度过的？你们如何确定约会的方式？是你每次都主动约他吗？

如果你每周主动约他的时间超过3次，那么听我的，至少削减掉2次。

男人的骨子里都有“猎人”本性，他希望去主动追逐而不是像猎物一样被追。即使到了两个人交往的稳定期，每次约会都由你主动提起也会让他渐渐忘乎所以。

(5)你有自己的社交圈吗?

热恋时你心甘情愿做他的“橡皮糖”，这绝非好事。

不愿独身的你一直在渴望被人宠爱，男人把这种女孩称做“橡皮糖”。周末男友加班不能陪她也会让她伤心得泪水涟涟。

这样的女孩的确会激起男人的怜爱之心，可是要注意，这是在他心情好的时候。如果正赶上他心情不好，他会甩出一些让你更难过的话来。

没有自己的社交圈，所有的聚会都跟着他一起参加，坐在他身边听他高谈阔论，那你就不要怪他对你颐指气使了。他会认为你不够独立，而且把你对他的依赖看成一种负担。

周末，你们俩谁接到的电话更多?

如果是你，或者旗鼓相当，很好，你的男友至少知道你有自己的朋友圈子，没有他，你一个人也可以过得很快乐，他也许会暂时不太高兴，但时间长了，他会更加尊重人。

(6)生活琐事由谁来安排?

如果你的日常生活起居都靠他来安排，你们的关系离终点就不远了。

朋友要举行婚礼了，你们该准备些什么礼物?家里的DVD不读盘了，谁打电话给维修部?在外用餐谁来点菜?

不要小看这些生活琐事，只有一个头脑清楚的人才可以把这一切安排得井井有条，趣味横生。

在一对恋人中间，谁左右这些琐事，谁有更多好的创意，谁就在两个人的关系中起主导作用。而那个贪图舒适，怕操心的人就只好被别人指挥了。

叶雯以前曾经是个绝对小鸟依人型的女孩，“男友对我来说简直是一切的依靠，不仅是生活琐事，甚至连我出差都是他为我整理箱子。刚开始时，我觉得自己是世界上最幸福的人，但实际上并不是这么回事。

大约两个月后我偶然听到了他与别的女人有染的传闻。问他时，他竟然厚颜无耻地对我说：‘反正你离了我就活不下去，为什么就不能大方点儿，与另一个女人和平共处呢？’这些话对于当时的我来说简直就像当头棒喝。

离开他之后，我决定彻底改变自己以前的样子，许多事都尝试亲力亲为，结果证明自己的能力并不比任何人差，也更加自信了。现在，我与我的新男友相处得很好。”

(7)你够时尚吗?

信息和男友保持在同一波长，有什么不好！

你能脱口说出当前最热门的电影吗？你经常浏览新闻，了解世界大事吗？你经常看流行书籍和综合性的期刊吗(不要只盯着时装杂志上刊登的化妆和穿衣大法)？你知道最新颖的品牌手机有什么新功能吗？知道最新开张的热门餐厅吗？

如果答案是“是的”，恭喜你加入“时尚女郎”的行列。在很多方面你都可以给男友信息和建议，思维跟他保持在同一波长，即使你的性情非常柔顺，在他心目中也是一个“有头脑、有主见的女孩”！……

7. 为什么她们能淘到好老公

如果你是一位有待嫁心情的女性，却每每总是被邀请做伴娘、接捧花，暗地咬手帕诅咒命运的捉弄，马上来看看下面分析的“为什么她们能嫁个好老公”吧，自问你有想要和试过做这些吗？

首先定义一下怎样的“老公”才是好老公。女士们，你们要找的老公是你认为“好的老公”，不是找“他们”都认为好的老公。认清楚你觉得什么样的人是“好老公”这点很重要。

另外，人类不是独居的动物，梦想嫁一个好老公绝对不应该被认为是什么无能的、愚蠢的表现。选择一个人幸福和找个人一起幸福本质上没有优劣高低——前提是你是真的幸福，而不是违心妥协于一些并没有什么根据和理由的规矩。

(1)她们懂得设定合适的标准

仅有一张过得去脸蛋的女人，因为社会给她们的第一次机会确实太多，导致她们梦想过高。然而很多最终遭到的是无限的打击。越是具有实力的女人，越不会自视太高，对男方也没有要求。

如果你给未来老公定的目标很高，基本上说明你是个没有实力的人，那么降低吧，这样才符合实际情况。如果你实力很强，你就不会给自己定什么标准，当然不用降低了。

错误观点：漂亮女性能找到好老公

红颜薄命，丑女多福的老话从某个侧面证明了这一观点。天生丽质当然很好，但是仅仅是为了找个好老公而挨刀子整容真的不是个多聪明的决定。

(2)她们懂得把握住一切机会

且不说忙碌的现代社会交往活动多么少，就是在这类活动上你们的表现又是怎样呢？这个社会处处都需要机会。

“前世的一千次回眸，才换来今生的一次擦肩而过；前世的一千次擦肩而过，才换来今生的一次相识；前世的一千次相识，才换来今生的一次相知。”当一个男孩主动和你搭讪，给自己一个机会，认识他，再作判断。因为他对你第一印象不错，有望爱上你；可是别指望他这个时候就会怎样怎样的爱你，那是不可能的，除非他说谎。所以在这个时候给他太多障碍，就是不给自己一个机会。

错误观点：矜持女性能找到好老公

大家时间都很紧张，猜心游戏在校园期间玩玩还可以，既然急着想找到Mr。right，就不要自己给自己设置障碍，自抬身价可不是好谋略。

(3)她们有原则，判断男人很清醒

男人当然不是完美的，而且还有男人的劣根性。知道哪些是男人的通病，哪些可以原谅。哪些不能原谅。

打女人的男人不能原谅，偶尔喝醉酒的可以原谅；吃软饭的不能原谅，一时有困难却有很强事业心的可以原谅；赌棍嫖友不能原谅，眼睛看见美女会瞟瞟的可以原谅；无孝心无德行的不能原谅，偶尔做了件坏事悔改的可以原谅；废物不能原谅，浪子回头可以原谅；品质恶劣的不能原谅，仅仅是有点好色的可以原谅；言而无信的不能原谅，因为这样的男人没有责任感，善意的说说谎话的可以原谅，有谁能不说一次谎话呢？

常常不是有人说什么傻人有傻福么？通常这种情况要不就是她大智若愚，要不就是撞大运。我们不排除极小概率事件的可能性，但你没必要去以身试险吧？

(4)她们知道自己所应该处的位置

好男人讨老婆，不需要一个只会做活的仆人，不需要一个只是有脸蛋的妓女，不需要一个什么都不懂的孩子，不需要一个只是给他帮助的妈妈，不需要一个给他发号施令的上司，不需要一个对他唯命是从的奴隶。

你们应该能够在思想上有交流，能够在情感上互相依托，能够在事情上有个商量，也就是要心有灵犀，这样你们的生活才能够快乐。

让你们变成有话可说，可以交谈的人。这是必需的。小鸟依人做个小蜜差不多。用自己的智慧去征服他。

夫妻应该是平等的，需要相濡以沫，你要以你们能走完一生的态度来对待他。注意平等这个词，当然，受虐狂和被虐狂也是很好的一对。

(5)她们勇猛主动至少是行动迅速

当你遇到了一个好男人的时候，要像那首歌唱的那样："姐姐妹妹站起来，抓住他，不要让他走开。"

注意创造机会，让他发现你的好，不要太过表白，这个时候一定要尊重自己，这样的效果才好，就是带足后劲，让他陷入你的温柔陷阱，其实很多女人在这个方面的经验还是很丰富的。采取各种办法(上床除外)抓住他，千万不要只想等着他去追你。如果你实在是天性害羞，那么也一定要采取一些隐蔽的手段，比如暗示。

美国的一份调查报告称：男女之间完全是由女方主动的，女方看好了这个男人，然后采取一些暗示，男方才有机会的，虽然表现的像是男方第一次看到她就爱上她了，可是如果她没有这个意思，他也只好知趣地离开，或者男方这第一次看到她都是在她的计划之中。

注意事项

不要被金钱所迷惑。“人无长富，家无久贫。”在这个瞬息万变的社会里，要注重他的能力，而不是身份。

他的心智需要像个男人，而不是孩子。除非你想做他妈而不是他的妻子。

他的人生价值观应该和你匹配指数较高，如果你憧憬过平淡温馨的田园居家生活，就不要勉强去改变一个从小就梦想着有一天能环游世界的男人。不是说不可能，而是说很难。

不要把自己宝贵的东西很早的送出，给自己机会，多给自己机会，给自己更多的机会。

第八章
家庭是需要一生经营的事业
——女人的家庭资本

无论女人在工作中成功与否，家庭永远是她展示才华、树立自信、丰富内心的场所，女人是家庭当之无愧的CEO。可以毫不夸张地说，家是女人的最大的事业。出色的女人能为家庭带来欢笑与幸福，从而也为社会的进步与和谐贡献力量。

1. 如何做一位合格的母亲

刘女士平时爱玩麻将，有一天她让儿子好好地去做作业，自己却在客厅里和几位太太摆起了“长城”。在这种情况下，孩子又怎么能安心地做作业呢？孩子想看可又怕母亲的责骂，所以只好偷偷地打开门缝，关注战局。直到有一天刘女士拿着牌犹豫不决不知出哪张好的时候，孩子在后面看得着急了，不禁出声提醒，刘女士才发现孩子已经在不知不觉中成了牌中的“高手”。

如果想给孩子一个好榜样，作为母亲就一定要注意自己在孩子面前的言行。有些母亲总要求孩子怎样怎样，自己却从来做不到，你想孩子会按照你说的去做吗？这很值得怀疑。

要想让孩子依靠自己，母亲给孩子做一个不怪罪他人的榜样是非常重要的。在孩子面前一定要诚实，让孩子看到你能够自己负责。

儿童心理学家布鲁诺·贝特尔海姆在其所著的《当一个不错的家长》里指出，任何人只要经过努力就能做一个不错的家长。可是，布鲁诺同时提醒家长们，教育儿童是一件十分艰苦的工作。

合格的母亲应该怎样做呢？以下是我们的建议。

(1) 与孩子友好相处

母亲是孩子生命中的第一任老师。让孩子体验母亲的关怀。抚触、轻摇、说话和歌唱等爱的表现，都能影响孩子脑部网络的形成，奠定孩子未来学习和行为的基础。你的抚触十分重要，搂抱和抚摸能够刺激脑部分泌出重要的成长荷尔蒙。

(2) 回应孩子给你的暗示

注意孩子的节奏和情绪。不论孩子生气还是快乐，你作为母亲都应该及时回应，尽量了解孩子的内心感受以及孩子的描述（透过语言或者动作），知道他们想做什么。

(3) 多与孩子交流

对孩子唱歌、说故事、读故事书。作为母亲你应多借用生活中的点滴来编一些故事，把他们认识的人和地点放到歌唱里，练习描述你们的生活。阅读故事的时候，多鼓励孩子参与其中。比如让孩子回答你的问题；猜猜故事接下来的情节；重复读出故事里的句子，等等。

(4) 让孩子养成健康的习惯

孩子知道午睡的时间到了，因为妈妈像平时一样，唱了一首歌，接着把窗帘拉上了。当小学老师拿来了果汁和饼干的时候，孩子会知道，爸爸快来接他回家了。通过愉快的感觉来建立生活习惯，可以使儿童感到安心。不断地重复正面的经验，不但能够给孩子带来安全感，还能帮助孩子了解周围的环境。

(5) 鼓励孩子玩耍

随着小孩学会了走路，他们开始探索世界了。作为母亲的你要加以鼓励，要在孩子回头寻求安全感的时候，表现出接受的态度；让孩子和同龄、不同龄小孩互动，帮助他们解决争端。同时，多鼓励孩子玩耍，玩耍是学习经验的渠道。

(6) 慎重

电视不能教会孩子学会语言，更不能让孩子学会沟通。研究显示，在学校学习状况好的孩子的母亲常常限制孩子看电视的时间，并且对电视节目也有控制。

(7) 抓住机会教育孩子

孩子探索的范围愈广，愈需要限制和成年人的督导。帮助孩子学会用语言来表达其感受。你作为母亲要让孩子懂得，你不喜欢他们的某种行为，可是你仍然深爱着他们。对孩子解释各种行为的规则和后果，使孩子懂得纪律背后的理由。还要让孩子了解，孩子的行为影响了别人。

(8)了解孩子的个性差异

每个孩子的性情各异，孩子们的成长速度也不一样。作为母亲你要充分了解孩子的个性。孩子的自我价值观，其实反映了家长对孩子的态度。当孩子渐渐学会适应生活的时候，会对自己感到满意，尤其是当家长用称赞来加以肯定的时候，孩子会懂得他的行动和家长的反应之间有所关联。对于来自小孩的各种信息能敏锐反应的家长，他们的孩子往往有比较正面的自我价值观。

(9)选择好的学校，保持互动

学校的选择，是很多家庭的重要抉择，作为母亲要慎重对待。研究表明，高品质的学校教育可以提高孩子的学习和社会能力。选择可以满足孩子需求的学校，确定学校有充足的老师，可以照顾到每一个孩子的需求。

选定了学校以后，仍需保持互动，最好不定时地“突击检查”孩子受托的状况，要求学校提供孩子的进度报告，有益于提出对孩子发展的建议。

(10)教育孩子的基本原则

①正确利用奖赏

母亲要学会赞美孩子，如果孩子表现良好，比如让同伴分享其玩具、对人有礼貌等，要给予赞美或者嘉奖。应该就事论事，讲得明确具体，比如“谢谢你在父亲打电话的时候一点都不吵”，或者“你跟姐姐这样讲和，妈妈非常高兴”。

最常见的错误就是用奖赏来贿赂孩子停止胡闹。

②因材施教

专家指出，教育孩子不要一成不变，主要是因为人的性情不同。

母亲教育孩子常见的错误就是想以变换环境来配合孩子。假如带着特别好动的孩子去探望亲属，作为母亲的你不要让孩子动容易打破的东西，要事先教孩子遵守规矩。假如孩子实在静不下心来，应该带到户外去玩耍。

③规矩不可太平

做母亲的要让孩子了解到，在这个世界上他能做什么，不能做什么。能接受的行为和不能接受的行为之间，也要划定界限，让孩子知道跨越界限会产生什么后果。

常见的错误就是太严格。要给予孩子从经验中探索学习的机会，不要设定不必要的限制。比如，与其限制好动的小孩乱跑，还不如设置一个安全的游戏场所。

④批评孩子方式要得当

许多母亲如果发现孩子行为失当，脱口而出的就是命令(“你快给我整理东西”)、威吓(“你如果再回来得晚，以后就不许出去了”)，或者在气头上辱骂(“你的脑袋幸亏长在脖子上，否则连头都会丢掉”)。

心理学家托马斯·戈尔登说：“这种‘你……’事实上是在责骂孩子，会让孩子觉得你是在无理取闹，或者认为你不疼他。”

托马斯认为，要改成说：“我……”比如，“看到厨房又弄脏了，我真泄气。”或者“你回家晚了，我非常担心。”

但是也有学者认为，把“你……”改换成“我……”在辱骂的话前边加一个“我认为”，就自以为是在很好的沟通了，这是在自欺欺人。事实上，“我认为你自私”和“你自私”没有差别。

⑤不要急于求成

“一些母亲急于训练孩子完成学业，早一天自立。”心理学家皮妮罗·利曲指出，“这是因为深植人心的假设，误以为孩子起步越早，前程就会越顺畅。”

事实上，勉强提前反而让孩子陷入困境之中，“让小孩提前一年加入娃娃垒球队，成为队上最差劲的球员，孩子能好受吗？”

常见的错误就是矫枉过正。“家长的角色就像登山向导一样。”利曲指出，“不要拖着又踢又叫的小孩马上登山，可以指出攀上峰顶的途径。”

⑥正确疏导孩子的情绪

“你为什么说这张画不好看？画得多好呀！”“你肯定不恨爸爸！他不是不想来看你比赛的。”母亲说这种话本意是在抚慰，却变成了“漠视孩子的苦恼，或者让孩子以其情绪为耻”。最好的做法是，注意孩子没有表露出来的情绪并且加以疏导。

常见的错误就是以“不关我事”的态度来分析事理。专家指出，“你的反应要配合孩子的情绪：‘你告诉朋友的事情，他是绝对不能说出去的。难怪你会生他的气！’这样可以表示你真正留意他为什么如此。”

2.有了孩子夫妻感情变好还是变坏?

都说"孩子是夫妻间感情的纽带",但事实上却并非家家如此。近日网上进行的某调查表明,只有约27%的被调查者表示"孩子增进了夫妻感情",40%被调查者表示"生了孩子以后夫妻感情没有以前好了",还有网友表示"说不好"。一个崭新的生命给一个家庭究竟带来了什么?应该如何处理有了宝宝后的夫妻关系呢?

(1)正方:孩子增进夫妻感情

好上加美——三口之家更有归属感

"自从有了孩子,世界变得更美丽,夫妻感情更加好,人生充满希望。"

小莉和阿东结婚快5年了,感情一直很稳定,按部就班地,他们去年生下了宝宝,一家人显得更加其乐融融了。

小莉说:"如果当初考虑生了孩子可能会影响感情,就不会选择生孩子了。现在虽然比从前辛苦了一些,但我们觉得一切理所当然,孩子是我们爱情的结晶,可以让我们更有'一家人'的归属感。"

同甘共苦——子女创造感情新元素

吴杨和爱人珊珊从恋爱到结婚已经接近10年了,虽然两个人的小日子过得蛮有滋味,可时间长了总觉得还是少了点什么。

两年前,他们生下了女儿子涵,珊珊说,女儿的降生给他们夫妻俩的生活增添了新的生机,从此两人有了一个非常重要的共同任务,工作上也更积极,更有动力了。

吴杨说："抚养女儿让我们有了一种'战友情感'，同甘共苦不正是夫妻的真义吗？"

(2)反方：养孩子引发夫妻吵架

卿卿我我化针尖麦芒：为啥生完小孩后老是吵架？

Lucy去年下半年生下了儿子"小老爷"，然而可爱的宝宝却给她和老公之间制造了不少烦恼。

Lucy说："原先以为生了孩子后会增进夫妻感情，可事实是，我和老公常常会因为一点小事就吵架，虽然过后觉得不值得，但吵的时候怎么也控制不住自己。举例说吧，有时我累得不行了，想让老公帮忙带带孩子，可是结果是还不如不让他带。明明该哄孩子睡觉了，结果他只知道带着宝宝玩，不分时间。说白一点宝宝对于爸爸来说就是高级玩具，高兴了逗逗宝宝，宝宝一哭立马就大喊'老婆，孩子想找妈妈了'。我也要上班赚钱的，为什么老公就没有带孩子的责任感呢？"

"我和你妈掉到海里你救谁？"婆媳矛盾影响夫妻感情

海燕也认为宝宝的诞生影响了夫妻间的感情。"我和婆婆在养育孩子的观点上不一致，有好几次我实在是忍不住了，真想和她吵一架，忍得我都有点抑郁了，老公对我也是越来越不理解了。直到后来在忍无可忍的情况下把对婆婆的想法都给老公说了，老公经过实际侦查，也发现他妈妈有些地方做得确实不对，慢慢地也站在我这边了。可是婆婆有时还是我行我素，又毕竟是老公的亲娘，我总不能经常在老公那说她老人家的不是，说多了老公准又生我的气。爸爸说既然让婆婆带，索性就放开手让她带好了，可我又做不到，自己都不知道再这样下去该怎么办了。"

熙熙妈妈说："我老公不让我说他父母的不对，因为这个我们吵了很多次。老公不爱带宝宝、不爱干家务，有时宝宝张开手要爸爸抱抱他也不抱。现在吵架了他就不理我，直接睡觉。真的很没意思。”

因为让婆婆带孩子而引发矛盾其实是非常普遍的现象，轻则有不开心、小小的争吵，严重的闹离婚都不稀奇。

(3)父母不和影响孩子性格

如果持有“孩子是婚姻的纽带”的观点，其实是搞错了事情的先后顺序。孩子的诞生不该是为了维系婚姻、增进夫妻感情的目的，而是“因爱而生”。

一个人的成长需要有一个宽松的而充满爱的环境，不应该在孩子一诞生的时候就赋予他“巩固夫妻感情”的义务。

如果希望亲子关系和谐，孩子的身心得以健康成长，其实夫妻关系是个前提。很多家长拿着孩子的种种问题去咨询心理专家，说“我的孩子不爱学习”“我家儿子待人冷淡”等等，仿佛问题都出在孩子身上，其实恰恰相反。孩子的很多问题都是夫妻间问题的体现，有时甚至是为了拯救父母之间的关系。

据专家介绍，孩子会敏感地意识到父母之间的矛盾，从而在自己身上上演一些需要关注的事情出来，如厌学、生病等等，从而使得爸爸、妈妈在关心自己的同时有一个双方进行沟通的机会。虽然孩子可能自己没有意识到这一点，不过对于家庭的忠实促使他们有这样的潜意识。

(4)抚育小宝宝复杂化家庭结构

社会学理论将“家庭”划分为“原生家庭”和“衍生家庭”，其中“原生家庭”就是指由一对夫妻和他们所生的子女所组成的家庭。如果家庭中包括了夫妻双方的父母或子女的孩子，就变成了“衍生家庭”。一般来说，衍生家庭的人际关系要比原生家庭复杂得多，非常难以处理。

虽然对于宝宝来说让爷爷奶奶、外公外婆带会更放心，但这也牵扯到了很多其他更复杂的问题，所以“隔代喂养”还是不被推崇。

(5)新手爸妈最好参加心理辅导

新生宝宝给家庭带来了很多新的改变，家庭原有的平衡被破坏，加上抚育婴幼儿是一件非常辛苦和艰巨的事情，所以夫妻间产生“应激性的矛盾”是很正常的。这时候新手爸妈往往需要得到专业有效的指导，因此有针对性地参加一些心理咨询是必要的。

“生育孩子会给女性的身体和心理带来很多变化，有些是由于生理上激素水平的急剧改变所造成的，新手爸妈们应对此有所了解，这对于处理新生宝宝家庭的夫妻关系很重要。”

(6)三口之家生活要懂得经营

专家谈道：“孩子来临之后，从某种意义上说，无异于是婚姻生活中‘第三者’插足，家庭的中心不自觉地向孩子的身上转移，夫妻之间的互相关注少了，而昔日的激情也日趋归于平和稳定，如果把过多精力放到孩子身上，忽略了另一半，或是在带孩子的问题上产生各种分歧，容易让情感打折。”

专家建议新手父母们学会“用心”去经营多了宝贝的新生活。告别一下繁杂琐事的纷扰，花点心思，换个心情，三个人的生活也能变得有情有趣。

3. 你的婚姻“中毒”了吗?

人们习惯把“婚姻”唤为“城堡”，但很多时候它更似“人的个体”，有时候脆弱得一阵风也能使它送命，有时候却固若金汤。这是一个极具人性化的堡垒，如人体般常常要经受各种考验，大大小小的病毒，究竟能给婚姻带来多大的伤害？会有致命的危机吗？

(1) 婚内的“才艺”展示

敏是独生女，从小被父母宠爱，着实有些任性，又因为相貌清秀，更觉得有资本挑剔另一半。可是，过了一年又一年，敏总是找不到理想中的丈夫。28 岁时，在父亲的撮合下，她与军结婚了。

敏的父亲是军的博士生导师。军来自工人家庭，能取得今天的成绩全都靠自己的努力。敏的父亲正是看中了军的潜力，才撮合女儿和他的婚事。敏却不这么认为，她总觉得军是高攀了她的家庭。因此在婚姻中敏总是有意无意地显出优越感，也更为任性。

她常常对军的言行举止挑剔再三，面对军的亲戚朋友时，也一副“保持距离，以测安全”的态度，仿佛其他人都是带菌者。渐渐地，军在家里的时间越来越少，他宁愿躲在实验室作研究，也不愿回家去。军并不想离婚，他是真心喜欢敏，但是他无法一再忍受被自己心爱的人伤害。

病毒名——挑刺

杀伤力：★★☆☆☆

必杀计：现代男女在追求个性伸张的同时，常常忘记了要将唯物主义辩证法坚持到底。不断的自我膨胀，使他们眼高于顶，无法与人和睦相处，除非你能够用行动证明自己的能力足以驾驭他们，这时他们的奴性就会迅速攀升，不待你召唤，他们自然会凑到你身边，仰视你。这话虽尖锐，却极实在。

军是个有能力的人，否则他的导师也不会将女儿的一生托付给他。但军的实力只被他的导师所认可，敏并不清楚。军该做的，就是让敏看到自己的真正实力。骄傲的敏需要的是个能够驾驭她的男人。

病毒名——不满对方家人朋友

杀伤力：★★★☆☆

必杀计：单把这个“病毒”拎出来说，是觉得它的伤害较之挑刺更严重些。婚姻里，夫妻也许都能忍受对方指责自己的缺点，却大多不能接受对方指责自己的家人或朋友。

对家人的指责会引起对方的情感反弹，他与家人之间由“血缘与情感交织”的网，不是几年的婚姻生活就可以抹杀的。而对于他交友能力的质疑，更会使他的自尊心严重受损。这个雷区最好不要轻触，万一触了雷，道歉是最好的选择。

(2)争吵到达暴力的距离

琳和磊都是急性子的人，他们爱得热烈也吵得热闹。琳喜欢唠叨，磊却最烦这个。所以一旦琳唠叨得磊心烦意乱，家庭战争爆发也就在所难免。最激烈的一次，磊还动了手。当然他并非故意，只是当时在气头上，无法控制自己的情绪。“战后”琳跑回娘家去住，直到磊再三赔礼道歉，才肯回家。

其实他们也并不想这样，在争吵中度过一生。也害怕总有一天，把爱吵成了恨。可每过一段时间，同样的家庭战争仍然总会上演。

病毒名——抱怨、争吵

杀伤力：★★☆☆☆

必杀计：哪个婚姻里没有点儿磕磕碰碰，但为什么有的夫妻越吵越生分，而有的夫妻却越吵越甜蜜？争吵是门艺术，要讲求手段和形式，并且要懂得些幽默，最重要的是时时刻刻记得把“爱”牢挂心中。一直记得一个故事。说有对夫妻争吵后，妻子离家出走，丈夫满世界都找不到人。两天后妻子回来了，一进门就被丈夫牢牢抱住，丈夫说下次换我出走吧，免得我在家里提心吊胆就怕你出事儿。

病毒名——暴力

杀伤力：★★★★☆

必杀计：无论在婚姻里遇到怎样的情况，使用暴力解决问题都不是好办法。家庭暴力让人最痛的不是伤口，而是心的伤痛。但如果对方只是偶有一次情绪出轨犯下错误，最好的办法就是以柔克刚，让他自惭形秽。可如果对方将暴力作为日常沟通的行为习惯，那就该寻求法律的帮助，忍让只会令暴力升级。

（3）谎言和猜忌是对“双生子”

珍和铭本是对十分恩爱的夫妻，结婚3年，从没红过脸。铭每月如数把工资交给珍，珍是家里的财政部长，哪些钱留着给孩子做教育基金，哪些钱做日常家用，哪些给丈夫做零花，每项都照顾得极细致周到。她也十分体贴丈夫的需要，知道男人在外打拼需要用钱的地方不少，所以她从未让丈夫囊中羞涩。

谁知道，一个电话竟让所有美好荡然无存。那电话是个男人打来的，男人说要找铭，珍说他不在。男人也并不在乎。只要她转告铭不要再借钱给他老婆。

珍在男人的解释下才知道，原来那女人是铭的初恋女友。铭从未和她说起他们之间的事。其实，珍并不在意铭借钱给她，她在意的是铭什么时候瞒着她攒下了这笔为数不少的钱，他攒这些钱究竟想做什么？是对她不信任还是对这段婚姻有所顾虑？

她被铭的不信任伤害了。从那以后，珍变得不再轻易相信铭的话。一次背叛与一百次背叛对于她来说都是一样的。

病毒名——撒谎

杀伤力：★★★☆☆

必杀计：即使是善意的谎言，被戳穿时也会造成伤害。遇到问题，最好的办法就是开诚布公地把事情说清楚，以求得对方的谅解，无论是事发前还是事发后。有些人认为，事情既然已经发生，伤害也已经造成，那还有什么好弥补的。这种态度最要不得。古人云：人非草木，孰能无过，知错能改，善莫大焉。这是为人之本，婚姻里的夫妻更该加深对这句古话的体会。

病毒名——猜忌

杀伤力：★★★★☆

必杀计：猜忌比谎言更具杀伤力，是因为谎言常常带有偶发性，而猜忌则是由日积月累的不信任构成的。千万别小视了“时间”在这里起到的作用，往往是这种在岁月里被“一砖一瓦般的怀疑”填充起来的猜忌最具破坏力。它们通常会在某个契机的引诱下一蹴而就，伤得人体无完肤。

对付猜忌，最好的办法就是将它扼杀在萌芽时期，不让它有茁壮成长的机会。将心比心，诚实和宽容便是阻杀猜忌的利器。夫妻间良好的沟通习惯也是增加婚姻透明度的佳策。婚姻透明了，还有什么可猜忌的呢？

（4）冷漠是种“慢性毒”

琪和罗是相亲结婚的。他们工作忙碌，生活圈子也都比较窄，身边来回来去总是那么几个熟人，熟到根本没有摩擦出火花的可能。于是经过长辈的撮合，他们相识了。琪是外冷内热的女人，罗也有些黑色幽默。两个人在一起渐渐有了默契，即使对方什么都不说，自己也能猜出对方的心思。所以他们结婚了。

婚后的生活依旧忙碌，但随着工作的驾轻就熟，他们空闲的时间一下子多出了不少。这时候，琪才发现婚姻里只有默契是远远不够的，默契太好反而致使生活失了滋味。他们甚至觉得坐在一起没话找话是个极为痛苦的事情。于是，他们开始相信前辈的话，认为婚姻里包裹的不过是那些关乎“吃喝拉撒睡”的俗事。他们开始向前辈学习，忙碌于自己感兴趣的事，不再关心对方想什么。日复一日，最终连做爱都变得程式化了。

琪内心的热情完全被冷漠遮掩。她心里十分渴望生活能够有所变化，但又不知该如何改变。于是上网，在虚拟王国与热情的男人沉溺于精神世界的偷欢。最虚伪的甜言蜜语也可以打动她，不是因为她单纯，而是冰冻的心实在冷得难受。她不爱丈夫了吗？她说她依旧深爱着他。可总得让自己活得好受些，不是吗？

病毒名——冷漠

杀伤力：★★★★☆

必杀计：悲剧之所以成为悲剧，是因为原本它可以以喜剧的结尾收场。琪虽然有心改变一切，但决心并不坚定，在没有遇到大的坎坷时，自己就先躲进了网络，这是最不智的选择。虚幻的美好，或许能给她带来短暂的快乐，但总有一天她要回归现实，那一天要如何面对？许多人选择分手。有这个必要吗？

其实如果琪可以更积极地寻找解决问题的方法，或者善用网络，重新点燃婚姻里的爱之火，并非难事。只要肯用心。

所有的爱情都在循着“抛物线”的模式发展，有高潮的迭起，必然也有进入低谷的时候。面对繁忙的工作和社会的压力，再抛开必要的睡眠时间，其实一对夫妻真正可以用来交流的时间并不多。有了这样的认知，交流的欲望强烈一些了？

而交流形式的选择，也是夫妻关系发展的重要因素。激情和浪漫不是与生俱来的，但人们在学习它们的时候为什么总不能像学习专业知识那样用心呢？这也是一门不小的学问，而且关乎人们一生的幸福。所以人们该重视这门课程。

你或许没有浪漫的细胞也缺乏生活的激情，但是你至少可以模仿。看看别人是如何制造浪漫的，一起看一部爱情电影，说不定就能使你茅塞顿开。问题的关键在于你要用心去看，而不只当它是种娱乐。

(5)婚姻的基石

峰和惠结婚的时候，年纪都不大。双方父母都还正直中年，又生活在同一个城市，所以他们吃饭的事儿几乎都是在双方父母那里解决的，再不然两个人就出去吃，换换口味。

刚开始的时候，两个人都没什么结婚的意识。总觉得除了睡在一个屋檐下，生活基本没什么改变。直到他们计划要生一个小宝宝，惠发现他们不能再这样下去了。峰和惠，尤其是峰，花钱都大手大脚惯了，结婚至今他们还没什么积蓄。但有了孩子，他们必须考虑更多，比如生育的费用、教育基金等等。

不过“由奢入俭”难啊，峰已经很习惯出门打车、夜晚泡吧的生活，怎么可能一下子改掉所有的习惯？于是惠决定以循序渐进的方式，让峰每月交钱给她，渐渐地，峰也觉得以前很多钱花得不在刀刃上，原来换一种方式生活，滋味也不错。

病毒名——无责任感

杀伤力：★★★★★

必杀计：这里引用的是一个成功杀死病毒的个案，旨在说明虽然其病毒杀伤力高达五星级，却也不是无药可治。

责任感是婚姻能否美满幸福的基石，有了它的维系，婚姻才可能长久。

这一病毒又细分为两种：

一是“无意识无责任感”；

二是“有意识无责任感”。

如峰，他就是在无意识状态下被“病毒”击中的。而另一类则更为可恶，即有意识地对婚姻对家庭不负责任。

面对两种“无责任感病毒”危害，使用的治疗方法也各不相同。在无意识状态下对婚姻不负责任的人，可以通过增强其对婚姻的认识和理解的办法，让他明白现在所处的环境已不是“一个人吃饱全家不饿”的单身状态，使其亲身感受到生活的重担，慢慢将其导入婚姻常态。而对于知错犯错的人，不要抱着忍让的心理，希望能够感化他。直接将重担交付给他，在经历重负的压迫后，他可能反而懂得体谅你的辛苦了。

人的一生说长不长，说短也着实不短。人感染病毒的机会万千，感染的时间可能只需要一秒。婚姻亦是如此。几十年的婚姻光景里，要想它结实耐劳，就要不断地经受磨砺和考验。

也许，在某段时间里婚姻会被某种“病毒”折磨得痛不欲生，但只要你坚信爱，坚信幸福的存在，就没有过不了的坎儿。阵痛总会停止，当婚姻里生长出新的抗体，你便会得到又一次新生。

4. 走进围城，如何将男人握在掌心

李雁越来越觉得在这个家庭里有点力不从心，她的丈夫每天早出晚归，忙于事业，没有时间陪她。她要做家务，要侍候生病的婆婆，要看孩子，还要做永远也做不完的家务，很烦。于是，她渐渐地开始抱怨。丈夫先是沉默，后来就干脆找借口不回家，李雁想也许他们的夫妻缘分已走到了尽头。

幸福的家庭是避风的港湾，好女性则是港湾的优秀管理者；破裂的家庭是漏雨的天窗，差女性则是天窗的打开者。

走进围城的女性，你是一个好女性还是一个差女性呢？

其实女性爱男人，看重的往往是男人对她好不好，而男人爱女性，看重的却常常是这个女性可爱不可爱。可爱的话，一举一动都令他神魂颠倒，你做什么都是好的；不可爱的话，做得再多都不一定有用。所以爱一个好男人并把他“据为已有”要注意以下几点。

(1)给他所需

当然首先就得搞清楚男人为什么爱你。如果问男人：你的太太到底可爱在什么地方？一百个男人会有一百个答案，全看是什么样的男人而定。

如果他爱的是你的温柔似水，不妨对他百依百顺，有空就多给他说些好话；若他爱你的坚强独立，则可多给他一点自由；若他爱的是你的青春美貌，在他抱怨你身材臃肿时，大可不必历数你对家庭的贡献，应趁机对他说：我正想找家健身房锻炼锻炼，星期六就麻烦你

带带孩子吧。

两人在一起日子过久了，激情慢慢淡化了，这时可以慢慢弄明白他平时有什么喜好。他喜欢唱歌你陪他唱；他喜欢看球你不拦他；他喜欢吃你多花点功夫在做菜上。只要他高兴你也快乐，日子就能过下去。记住，千万不要把自己的好恶强加于他。

安慰男人的办法同样视你的男人是什么样的而定。如果你看到他一人坐在家里，黑灯瞎火地喝闷酒，他若是个颓废懦弱的男人，你不妨夺了他的杯子，提醒他还是这个房子的主人，有为人夫为人父为人子的责任，十年八年后他一定会对你感激不尽的；他若是个自尊心极强，绝不能容忍自己在女性面前示弱的男人，不如假装什么也没看见，悄然退出，让他静静舔平他的伤痛；假如你的男人介于两者之间，则可以端几样小菜上来，陪他一起喝喝酒，看他有什么苦要诉。

假如你不能也不愿给他所要的，那就得问一问你自己：这个男人是不是你该要的？

(2)不要抱怨也不要任劳任怨

不要埋怨他对你不够浪漫、不够体贴，更忌拿别人家的他与你的他相比较，那样会慢慢磨炼他对你的叛逆，当最终他摔门而走时，可能你还不知正是你一小刀一小刀地在割你们中间的那根月老拴的红绳。

少在他的面前唠叨，特别是一些陈芝麻烂谷子的事儿更是不要老拿出来在他面前翻晾，那样会让他对你敬而远之。再没有比一个唠唠叨叨、成天抱怨的女性更让人退避三舍的了。

但任劳任怨的女性最惨了，当男人被服侍惯了的时候，一切都变得理所当然，你偶尔一两次没做好，他反而要心生不满。

(3)要说好话

说话实在是一门艺术。说得好可以救人，说得坏则可杀人。许多女性都以为结了婚，一家人了，当然就可以畅所欲言，想说什么就说什么。逞口舌之快的后果却是丈夫早已同床异梦了，你还压根儿不知错在哪里。

你每说一句话，每发一个声，都会被记录下来，即便你旁边没有人，山会记下来，水会记下来，凳子桌子也会记下来。千万不要以为你说的话没有用，不会产生什么影响。

所以，好话要多多益善，坏话能不讲就不讲。很多婚姻关系的破裂都是因为讲话太随便所致。古人说夫妻要“相敬如宾”，不是没有道理的。

(4)多鼓励他

大多数好男人，其实很愿意为女性做事的。即使他没想到，你告诉了他，他还是会尽心尽力去做的。但做得好不好，做多还是做少，在很大程度上取决于你自己。男人最头痛的大概就数给女性买礼物了。

如果情人节买一束花，太太心里虽然很喜欢，嘴上却说：浪费那钱做什么？买一件衣服，太太却说：难看死了。或者说：你就会拣便宜货。可想而知，以后要再有下文就难了。不管他为你买什么，能透过那些物质，看到后面一颗爱你的心，并对那颗心存着感激，便很好。即便不是一颗很爱你的心，但有了种子，你还怕它不开花结果吗？

在千千万万的人海里，在浩浩的时空中，有那么一个男人，就在你需要爱的时候爱了你，而你也爱了他，这是一种极难得极美丽的缘分。只是爱一个人并不是一种与生俱来的本领，并非想爱就爱那么容易，得花一点心思，下一点工夫。在这里谨祝天下所有的好女性都能紧紧抓住她们的好男人。

男人是大孩子，他的目的是要征服这个世界，而生物链中的其中一小环，就是女性征服男人。男人如何变化，关系着女性一生的甜蜜和痛苦，所以不得不加以留心。

下面向一些想与夫君共度此世的女性朋友们提出一些善意的建议。

①不作比较

在情感上，不要将他与你以前的男朋友相比较。要知道，你以前的男朋友再好，可都是被你一一否定了的，否则等于你在自己扇自己的耳光。

②不计较他有多少“钱”

在资产上，不要将他与你周围某某的他作比较。那样会让他产生你嫌贫爱富、金钱至上的观点，并对你有一种不安全感。要知道，有钱当然好，但没钱时，也一样可以相濡以沫。没听说过“穷开心，富伤心”的民间俚语嘛？

③不要做追公星

让他自由拥有自己的空间，距离产生美。当他在外面无论与异性还是同性的朋友玩闹时，会时时念着你及这个家的，因为家最终是他的留宿地。当他玩够了，会念着你，会时时挂着你，他自会找到你享受温馨的二人世界的。

④不公布他的小缺点

当你们一起与朋友玩时，不要将他的一些小缺点、不好的小僻好说给大家听，那样会在大众场合弄得他下不了台，而于你更没有什么好处了。应该时时注意维护他的大男子面子，偶尔也可以做个小媳妇样子，让他的自尊心在众人面前得到极度的膨胀，就更能理解如何怜香惜玉了。而你们回家后，叫他再跪搓衣板都没问题。

⑤说出他的优点

无论在私下或是朋友间，当他哪怕有一点优点，也是绝对值得提出来的，记着：时常像个老师那样赞扬他，会让他感觉自己在你眼里是最可爱的，那么他就会为你上刀山、下火海在所不辞。

⑥不试图改变他

别逼着他达到你理想中的水平，而要不断地努力鞭策他，让他感觉和你在一起有一种勃勃生机，一种让生活充满活力的感觉。

⑦保持你的“女性味”

女性最重要的一点是要有女性味。娇、嗲、假生气都是女性的拿手好招，而一种无言的轻泣更是令他无所适从，爱怜有加。但切不可泛滥成灾，否则正好适得其反，让他远离你的视线了。

掌握了以上 7 点，把他握在掌心，应该是十拿九稳的事了。

5.揭秘聪明主妇的驭夫术

尽管无数的家庭伦理剧和周围的现实，给我们展示着婚姻的种种无奈、磕磕碰碰、分分合合，可我们还是看到不少婚姻着并幸福着的女人。她们是怎么做到的，是她们“驭夫”有术，还是别有锦囊？

三位婚姻美满妻子的故事告诉我们，就像阿里巴巴打开宝藏大门要用咒语“芝麻开门”，打开婚姻幸福大门也有一个小咒语，那就是——“妥协”。

(1)妥协他，给自己一个放松的理由

丈夫是独子，纵有数不清的优点，婚后我还是发现他有让我难以忍受的毛病，比如自理能力不强，不懂得关心人，最主要的是懒。只不定哪一天，我就会在扫地或整理房间时从沙发下或者洗手间地上看到成团的脏袜子，就连孩子卧室的玩具房顶上搭的也是他的脏外套。对于我这样一个见不得脏乱的人，这个坏习惯简直就是随时激怒我的定时炸弹。

三十多岁的人了，提醒他换衣服，他说还不太脏。拎着耳朵让他去换，他嬉皮笑脸地说：“我怕累着你了，再说这不是节约能源吗。”一次两次还能开着玩笑解决，次数多了，看着他脏兮兮的样子，心里就一个感觉：怎么嫁了这么一个没品位没素质的人啊！这时候，他的一切优点化为乌有，满眼就剩下脏乱差。

偏偏我这人又是个要求完美又多少有点洁癖的人，在家务和生活习惯方面，眼里揉不得一点沙子，连邻居们都说，天天看见你家洗床单，怕是没铺烂也让你洗烂了。生活习惯的大不同让我们夫妻间有了太多的不和谐。吵也吵了，闹也闹了，收效甚微。看着丈夫不耐烦的表情，我突然发现不知从哪一天开始，我已经变成一个爱唠叨的女人了。

这让我恐惧。我们不能再这样下去了，我认真地分析了我们每次发生纠纷的规律，发现大都是他达不到我的要求，惹我生了气，他还是依然故我，该达不到照样达不到，然后我再生气……我就这样一天天在推磨呢！

想一想，如果事情没有做到我要求的那么好，日子难道就过不下去了吗？家是让人放松的地方，我是不是搞得太严谨太死板了？有必要为这些小事弄得鸡犬不宁两败俱伤吗？于是，我开始逼着自己学习偷懒，首先不再每天打扫房间。

一个周末，我没像往常那样一起床就开始大扫除，而是吃过早饭就带着女儿去了公园。刚开始，看着孩子开心地玩耍，我有一种魂不守舍的感觉，总觉得有什么重要的事情没做。但和朋友聊着天，看着像小鸟一样飞来飞去的女儿，一上午很快就过去了。

中午干脆不回家做饭了，约了加班的丈夫，一起在外面吃午饭，回家就能睡午觉。睡前，女儿用小手摸着我的脸说："谢谢妈妈，我今天过得太高兴了。"我一愣，心想，今天不只是女儿过得开心啊，我自己都从来没有过这么轻松的周末，以前，哪一个周末我不是忙碌一天然后疲惫地躺在床上的呢。

从这天起，我试着不再每天洗衣服，结果发现穿了两天的外套，放一放，好像隔几天还能穿得出去。真正脏了的衣服我也不再有一件洗一件，攒上个两三天，再分类分颜色洗，效果一样好。不过最开始攒脏衣服，我极不适应，衣服放在哪儿都觉得碍眼，后来干脆买了两个收纳箱，分类存放，眼不见为净吧。

这样试了一段时间，丈夫在家的情绪明显好起来，他经常高兴地说，咦？我老婆不爱唠叨了。再后来，放了几天的脏衣服他居然能主动把颜色重的拿去洗了——这回他是真的怕累着我了。到了月底，我欣喜地发现这个月的水电费还真省了不少呢。

想想人过日子，家务永远是干不完的，我不再对丈夫“高标准”，同时降低了对自己的“严要求”，日常矛盾自然减少。

其实夫妻生活在一起，谁也别想改变对方什么，能做的只有尽量调整自己，适应对方。有时候向对方妥协也是在给自己一个放松的理由。爱他就要学会妥协，爱他就是爱自己。

(2)妥协是一条充满希望的路

记不得谁说的，婚姻需要经营，经营需要智慧。我是个在处理夫妻关系上顶没智慧的女人，曾被好友笑作“弱智”。可是15年的婚姻生活却让我在日感幸福的同时也逐渐与智慧结缘，这份智慧就是学会妥协。

结婚时我刚满21岁，今天看来，那会儿真是少不更事，因为一点小事我可以哭上大半天，好几天不理睬老公；因为一些磕磕碰碰，我可以把离婚协议打好，摆在桌前……

老公是个超级喜欢享受的人，总说人生在世不该难为自己，应时时处处享受生活。让他带孩子，他弄只小狗，让女儿跟小狗玩，他却跑到网上下围棋；给女儿准备的酸奶、饮料，他拿起就喝，嘴里还念叨比白水好，结果他比女儿喝得还多；大冬天的他一次次往家买西瓜，我心疼钱，他却嚷着说比夏天的好吃；一两件衬衣他也要扔洗衣机里解决，说洗衣机就是为人服务的……

后来，我向一位老大姐诉苦。她告诉我，如果准备离婚就算了，如果没有那个想法，倒不如装装糊涂，改变自己。我想，老公都快30岁了，已被自己的父母宠了二十几年，让他改变人生观和个性，根本不大可能。而我，爱他，更爱女儿。我要的不只是一个完整的家，更要一个温馨幸福的家。于是，我开始试着从改变自己做起。

老公再拿起酸奶、饮料，我不再像过去那样一边训斥一边劈手夺下，而是也凑过去喝上两口；老公大冬天买回诸如西瓜之类贵得要死的水果，我不再赌气不吃，而是和女儿一起边吃边夸，顺便算着同样的钱在夏天能买几倍的西瓜的账；老公没事时喜欢老躺在床上，我也懒得再嘟囔唠叨，而是和他一起靠在床头听歌、看书……我不再当“针尖”，老公自然也就没有了做“麦芒”的必要，家庭气氛和谐了，我也体验到了过去没有过的愉悦。

我记得最清楚的是女儿 5 岁时，我们全家去北京旅游。当时家里的经济还比较紧张，出外旅游也算较奢侈的事。当时我准备尽可能地从嘴里抠，从脚下省，住宿也想挑最便宜的。可老公却不同意，他的理论是：出门玩本身就是为了放松，为了享受，没必要把自己弄得紧张而窘迫。尤其游玩是个体力活，更应该吃好睡好，否则玩也玩不痛快。

在这一理论的指导下，老公逢吃要有荤素和啤酒；逢睡要安静清洁还要美观有品位。虽然囊中着实羞涩，还曾暗想着能把带的钱省出一点带回家，可为了不扫大家的兴，我采取了妥协的态度，只把老公的啤酒控制在一天只晚上一瓶。结果几日下来，我们精力充沛地游玩了故宫、长城、海底世界、世界公园、颐和园……因为精神头足，我们一家三口都很开心。

最后一天，老公提出要去前门的全聚德烤鸭老店尝一尝。虽然不知到底要花多少钱，但心里明白那儿不会是个少花钱的地儿，便有些打鼓。但看到老公和女儿兴奋的样子，我再次妥协，告诉自己权当是去了解老北京的传统饮食文化和知名老店了。

到了那儿，才知道百年老店确实红火。我们去的时候是下午，吃完往外走时刚到晚餐的点，门口已经等满了人。回味那被列为“首都特产之冠”的红艳艳的挂炉烤鸭，也入了自己的口，真有几分得意。尤其是欣赏了全聚德用餐的一大特色——大师傅推车而至，展示娴熟的片鸭技术。看着色彩鲜亮、又酥又脆的鸭皮在师傅手下热热地片出，看着鲜嫩的带皮的肉片从师傅手中放入盘中，看着去骨的条状鸭肉和骨架做成的白白的鸭汤……一切都让人陶醉。

那次旅行竟然成为最难忘最享受的一次。

如今，不只是我一天天变得宽容，老公也渐渐懂得了体贴和关心。最关键的是，我们都学会了妥协。其实夫妻无输赢，即使放弃控制权或者主动妥协，也不是软弱和无能的表现。因为妥协是一条充满希望的路。你退一步，我退一步，日子才会越过越有味，越过越幸福。

(3)放松手可以让他握得更紧

觉得自己还那么年轻，再看看旁边那人的娃娃脸，不敢相信我们刚刚过完结婚7周年纪念日。查了一下，结婚7年被称为“羊毛婚”，都说“七年之痒”，那应该是一种有点扎扎痒痒的但又让你觉得温暖的感觉吧。可我现在的感觉没有刺痒，而像是丝光羊毛般，温暖而丝滑。

从一团乱麻样的原始羊毛到今天的丝般感受有很长一段时间的理顺过程。

同年龄的女人总是比男人显得成熟，而我又是大学一毕业就工作了，他却是没出校门念了23年的书，所以我总觉得自己要比他老练。刚工作的时候看校园里青涩的他，毛病简直太多了。

毛病一，爱说大实话。人和人交往，难免说一些言不由衷的话，其实大家都心照不宣，但他有时就会给你当面拆穿，让人甚是尴尬。

毛病二，带学生腔。我和家人、同事、朋友有时凑在一起说说社会上发生的事，他会忽然插一句社论一样的话，造成全场哑然，仿佛他是从火星来的，这个时候我只能不知所措手忙脚乱地替他圆场。

毛病三，见谁叫谁。他很懂礼貌，很尊重人，但那时候在我眼里这也是不成熟的表现。一个四十多岁的女同事，平常我和人家没大没小的，可他第一次到我单位找我，一见面就叫人家阿姨。虽然我们当时也就二十出头，但闹了女同事一个大红脸，好长时间见我都不尴不尬的。

时间长了，他一张口我就紧张。和人说话，我会用眼神一遍遍提醒暗示他，唯恐他说错了话——可经常是对方都察觉了，他还没意识到。于是我就恼火，你为什么不这么这么说，为什么不那么那么做！说得他傻傻地挠头看着我，不知所云的样子。再后来，有人来电话，我也会详细问他人家说了什么，你说了什么，人家又说了什么，那你又答了什么……搞得我们俩都不胜其烦。

其实他在别人眼里是优秀、可爱的，但我好像就是梗着一根筋要改造他。他本来是单纯善良的，被管怕了，变得目光躲闪；但他也是犟的，话越来越少。总之，那段时间我真的体会到那句话：幸福像流沙，你握得越紧，流失的就越多越快。

一次，不知为了什么事我又气呼呼的，一路上甩着手不让他牵，扭来扭去的就是不理他。一个非常要好的朋友一手拉着我一手拉着他，对他叹气：她真是你甜蜜的负担。朋友说得婉转，但我听出了我在别人眼中的样子。

我以为我在教导他、引领他，但我从来没想过，我们谈了7年的两地恋爱，如果没有他对我的容忍与妥协，我们会比别的情侣更容易一拍两散。而我却要把他改造成什么样呢，改造过的那个他还是我爱的他吗？

他说话学生腔，这有什么不好，油腔滑调岂不更招人厌；他学不会世故，但他真诚地对待身边的人，不算计，不用心机，照样好朋友一大把。我老怕他吃亏，但他真的吃过亏吗？就算有些小小的吃亏，他自己并不觉察，也不以为然，那还重要吗？事实上，他一切都是有如神助般地顺利，恐怕真是应了天公疼憨人的话呢。

他的博士录取通知书和我们的结婚证几乎同时到达，本来我不愿意他再读书，想要早一点厮守，但我想了想，还是愿意用两地分居的代价去换取他还能像男孩一样在球场上奔跑。后来同学聚会时，看看有些男同学暮气沉沉，顶都谢了，而他却朝气蓬勃，我不厚道地在心里笑了。他拉着我的手在暗夜里散步，含着笑，回头望我，一句一句唱："是你给我一片天，是你给了我一片天，放任我五湖四海走遍，从来都没有一句埋怨……"放松手的感觉原来可以让他握我的手更紧。

今天，看到他对我百般呵护的样子，仍然会有同事打趣："怕老婆哦！"而他说："是怕啊，怕她伤心。"还是他的书面语，还是他的学生腔，让别人抖一地的鸡皮疙瘩。但我却微微笑，我喜欢！

6. 把家庭当事业来经营

对于大多数女人来说，家是生命的四分之三，或者是全部。可以毫不夸张地说，家是女人的最大的事业！那么，作为女人，应该如何来经营自己的家庭呢？

(1) 把家庭当做你一辈子的头等大事来抓

要把家庭经营好，首先就要在思想上给予足够的重视。只有真正地重视它，并把它当做日常生活中每时每分每秒的要做好的头等大事，才能让你在家庭中主宰着幸与不幸的命运。

现在的家已不是过去意义上的家了，物质生活上的丰裕和精神生活领域的拓展，给男人们带来了更多的诱惑，给现代家庭带来了巨大的冲击，有时甚至是致命的打击。

若我们还抱着过去那种仅仅生子、相夫教子的观念，我们就太落后了，甚至是在等着让家庭被社会淘汰，然后让家庭淘汰我们，我们需要经营家庭，而且是用心智经营家庭。

(2) 当最爱丈夫的妻子

你哄过孩子吗？相信每个女人都哄过！男人大多数时候跟孩子也差不多，要哄！哄得他开心！那作为女人，怎么哄得男人开心呢？你不妨试试这样干！

①了解丈夫。

要经营好一个家庭，首先就要了解丈夫，研究丈夫，掌握好他的好恶，投其所好、弃其所恶，才能有的放矢地经营好家庭。古人云

“知己知彼，百战不殆”！

②让他当事实上的家长，给他尽情挥洒大男子主义。

中国的传统，而且是男人心中根深蒂固的传统就是男人是家庭的顶梁柱，是家庭的主宰。那女人们，不管你是多么的能干，你也委屈一下吧，发自内心地（哪怕是装），让他扛起家庭的大梁，大事让他做主，你就当当跟班，给他出出主意，他有不到之处委婉地给他指出（千万别当着人），也就差不多了。

但这并不是说就一味地顺着他，你可绕着弯地反对他，这目的只有一个，方法可有很多种，只看哪种最适合他！女人嘛，通过改变男人而改变世界就行了！

③爱他的家人。

其实女人与男人成立一个家庭，女人嫁给的不只是这个男人，还有他的家庭，男人娶的也不只是这个女人，还娶了女人的家庭。这是一个大家都不愿承认的不争的事实。

作为女人，你应该爱屋及乌，爱丈夫的同时，也要爱丈夫的家人，关心他的家人，哪怕是装也要装！我想，应该没有哪个男人看到妻子这么爱他的家人而不更爱他的妻子吧！应该没有哪个男人的家人看到男人的妻子这么关心自己，而不更拥护她吧！

④打扮好自己，别让自己在老公的眼里总是比别人差。

说到这一点，我们可别盲目啊！女为悦己着容，你是要打扮给丈夫看的，你首先要弄清楚丈夫最喜欢什么风格的，再开始打扮自己，要不然会弄巧成拙的！

女人之于男人，可以说是男人的一件特别的饰品，每个男人总喜欢携如花娇妻！快把自己收拾好吧，给老公争点面子，他会更爱你的！

⑤不要做丈夫忌讳的事。

两个人的关系，靠两个人来共同维护。不要做丈夫忌讳的事，犯了大忌，在任何时候都不会是什么好事，我们知道，破镜难以重圆，心一旦受伤，那就是一辈子难愈合的。

⑥不要试图掏空丈夫的钱包。

丈夫在外，总有需要钱壮面子的时候，不要试图掏空丈夫的钱包，你要知道，丈夫没钱失面子的时候，他首先想到的就是你有多可恶！

如果条件成熟（他会持家），不妨考虑把管家婆的责任交给他，当个轻松太太！

⑦不要试图每时每刻都监控他的动向，给他足够的空间。

每个人都有他自己不想为人知的事。有时候对你也许是一种善意的保密行为。不要试图探知他所有的秘密，给他足够的自由，他会认为你是一个大度的妻子，他不必处处对你设防！

⑧如果你爱他，你就大方地告诉他。

女人最喜欢问男人的问题就是“你爱不爱我”，我想，男人在某个时候，也会想问问这个问题吧！如果你想对丈夫说“我爱你”时，你就大方地对他说，他会很高兴的，不妨试试哦！看看效果如何！

(3)做他的红颜知己

男人之于女人，最难忘怀的就是他的红颜知己。如果你能在做他的妻子的同时，做他的红颜知己，那么，在这个家庭中，你就如鱼得水了。如何争取做他的红颜知己呢？

①分享他的烦恼。

男人承受的压力，通常比女人大，男人的烦恼常常无人倾诉。亲爱的女人们，请你千万注意这点——男人需要倾诉的对象。

当男人有烦恼的时候，他最希望倾诉的对象其实还是他的女人！耐心地听他说说他的烦心事吧，有主意给他出出，没主意就陪他悲伤，听他说说，给他一个拥抱，或者是握住他的手，让他不再孤独、无助。

这时候啊，你大可以让你的温柔泛滥，千万别吝惜，这可是让他认为你是他的绝对知己的最佳时机哦！

②分享他的成功与快乐。

男人们在成功或快乐时，也需要有人与他共享，当他兴致勃勃地对你诉说时，千万别拂他的兴致，开开心心地听他说，陪他高兴，还要不失时机地恭维他、表扬他、鼓励他！

如果你觉得他有什么不对的地方或者是需要改进的地方，千万别在他正高兴的当头，泼他冷水。你可在他兴奋过后再跟他说："亲爱的，你如果，也许会更好。"那他不但会听你的，而且还会把你视做红颜知己。

③和丈夫一同进步。

于婚姻，传统的"门当户对"对我们有很多的启示和警示。我们不能把两人之间的距离拉得越来越大，我们要始终追随着丈夫的步伐，和他一起进步，让他觉得你始终都配得上他！如果他比你站得高，他就会俯视你，甚至把眼光放在让他可平视的对象上。

当然，如果你们的差距已经无法逆转，那么，建议你把心思花在关心他和分享他的喜怒哀乐上，他一样会把你视为知己。

④用欣赏的眼光看待丈夫。

古人云："士为知己者死，女为悦己者容。"其实，人跟人都是一样的，都渴望得到别人的承认和欣赏，对欣赏自己的人报以万般的热心和耐心。

用欣赏的眼光看待你的丈夫吧，尽可能地发掘他的闪光点！相信一点，你发掘出他多少优点并告诉他，他就会爱你多少！

但这并不就是说一味地给他戴高帽，他的弱点你也要正确地给他指出，这样，他在爱你之余才会欣赏你。这点，你的就要费点心机了。但切记，目的只有一个，方法可有无数种，挑最适合他的。

7．掐灭婆媳战争的“导火索”

婆媳关系从来就是让人头疼的问题，处理好了会让你的婚姻生活更加美满稳定；处理不好，相当于给婚姻埋下了定时炸弹。

一个男人一生最爱的两个女人，一个是生自己的妈妈，一个是娶回家做老婆的人。很多人都说疼儿子就要疼媳妇，同理爱老公就要爱婆婆。要尽量避免婚姻中出现妈妈和媳妇一同落入水中的情况。

用笨道理想啊，妈妈只有一个，真要他去救他会选谁？选了媳妇，那这个媳妇也得想想了，生养自己的妈妈都可以不顾，将来要是再碰到一个他更喜欢的女人还会管你吗？所以搞好婆媳关系是双赢的结果，每天用点心来思考一下怎样搞好婆媳关系是值得的。

(1)孝敬婆婆是应该的

孝敬公婆是应该的，不孝敬会让人家笑话的。

虽然婆婆没有养你，但是她养了你的老公，所以你既然爱老公，就要理解儿子对母亲的心情，就要和他一起尊敬他的妈妈，你也有父母，如果你的老公和你父母顶嘴、漠视，你会高兴吗？所以多给婆婆点笑脸，多陪她聊聊天。

你对他的妈妈好，他自然也会对你的妈妈好。《双面胶》中的主人公丽娟其实是个很悲哀的人物，她人很好，但是嘴太不饶人，据理必争，这让平亚妈听了不舒服，平亚也会觉得不够尊重他的父母。

(2)出谋划策的时候要照顾老公的情绪

遇到涉及婆家的事情，尤其是钱的问题，你总是要给老公出谋划策的，但是一定要顾及他的情绪，讲话一定要有技巧，尽管你心里一万个不愿意，也不要直接说出来，你要委婉地和老公讲道理，让她知道你愿意帮忙，但是由于某些原因帮不上忙，并且要多说些安慰的话再出谋划策。

但是有些钱你是没有办法做主的，譬如公公生病，你即便不给钱，人家也一定要到处弄钱给爸爸治病的。所以既然无法逃掉，还不如拿钱时干脆点，而且表现出很愿意的样子，由你来交给婆婆，这样既讨得婆婆欢喜，老公又满意，日后也能多为你考虑。

(3) 不要在婆婆面前和老公过分亲热

虽然你觉得你们习惯了这种沟通方式，但是老人毕竟是老人，她们有着传统的思想，这就像在外人面前一样，和老公过分的亲热也是对别人的一种不尊重，你说，这是你的家，你愿意怎样就怎样，这是没错，但是家里住了老人，这方面还是应该要注意的。

(4) 多关心体贴婆婆的日常生活

无论你是虚心还是假意，表面的功夫是必须要做到的，这样也会让你丈夫对你另眼相看。给自己妈妈买东西的时候想着给婆婆也买一个。

多细心观察她的日常生活，冷了热了？想吃什么了？想做什么了？抽空满足一下她的愿望。除非她生病了，否则她花不了你们几个钱，大部分的婆婆爱儿子甚至爱过自己的生命，她也希望你们过得幸福，不会大把花你们钱的，她年纪大了寂寞，你一点点的关心会让她记在心里的。

(5) 不要在婆婆面前使唤老公

这个道理其实很容易理解，换个角度想，如果你的爸妈来家里住，你老公不停地使唤你做这做那，你父母的心情是怎样的？他们会以为女儿在家里很不容易，过得累。

尤其在中国这种还存在男尊女卑的社会里，婆婆看着你没事指使老公一定会不高兴的，儿子在家做不了主，居然被一个女人使唤，谁不会有抵触情绪呢？离开你婆婆视线后，你爱怎么使唤都行，只是，千万别让她看见。

(6)丑话说在前头没有什么错

在你婆婆来到你家之前，你最好先和老公达成共识。没有和婆婆住之前，很多媳妇都觉得婆婆还是不错的，但是住到一起了却矛盾重重。

首先要知道，在一起生活矛盾是不可能没有的，即便和自己妈妈在一起住有时也会有不高兴的时候，何况是婆婆呢？但是，有些原则性的事情，譬如：你没有办法早起，你没有办法天天做家务，你和老公生活中没有男尊女卑的观念等等，请你最好在婆婆来之前先和老公沟通好，让他事先把情况和婆婆讲一下。

而且如果在一起生活的过程中，有些事情是你实在无法忍受的，那请你不要忍受，让你的老公和你婆婆讲。丑话说在前面吧。

(7)留点时间听她唠叨吧

很多媳妇对待婆婆的方式，是敬而远之，惹不起躲得起。可是对于住在同一屋檐下的婆媳来说，躲是绝对躲不起的。那就干脆横下心吧，没事哄哄她，老年人嘛，都喜欢有人陪她聊天，有时间的话就听她说两句。

她爱唠叨，就让她唠叨吧，无非就是儿子的那点事。讲讲抚养儿子的不易，儿子成长的过程，一边听一边随声附和两句：“妈你真是不容易啊，一定得好好孝敬您。”说点好听的怕什么呢？浪费几句口舌而已。

做到做不到倒是次要的，说到倒是必须的，你要让她觉得，你和她是一家人，她有了你，是多了女儿，而不是抢了她儿子的女人。

(8)能改变就改变

处理婆媳关系，不少人容易走两个极端。一是放任不管，老人爱怎么着就怎么着。二是什么都管，老人说什么做什么都不称心。

单是从方法论角度说，如此做法肯定不妥。由于临时组合，婆媳之间缺乏沟通基础，容易产生矛盾是十分正常的。

对于同居一起的公婆，媳妇不能事事都干涉，也不能放任不管。特别对于一些原则性的问题，比如溺爱孩子的问题，要勇敢地坚持原则，努力改变老人的观念。毕竟时代不同了，老人也应该与时俱进。切莫一味顾及老人脸面而听之任之，到头来害的可是孩子。而且还会导致矛盾加剧，以至于今后不可收拾。但改变也得讲求方法，就是态度上要坚决，方法上要委婉，不能因为一件事闹僵关系。

老人不是学生，可不喜欢小辈们给自己上课，顺势利导很重要。

(9) 不能改变就适应

俗话说得好，世界上有两件事最难。一是把别人口袋里的钱装进自己口袋，二是把自己脑袋里的思想装进别人脑袋。所以说，改变一个人是不容易的，尤其要改变一个世界观、人生观、价值观已经顽固成形的老年人。

为此，对于一些非原则性的问题，比如照顾孩子生活的方式方法问题，如果不易改变或不能改变，那么作为小辈份的媳妇，就要学会适应了。其实只要过了思想关，有时会突然发现，原来按照公婆的意思行事也挺好，也没什么不妥。

任何人都不是圣人，况且公婆的生活经验肯定要比年轻人丰富。要相信自己，也要相信公婆。实践雄辩地证明，唯有信任才能和睦相处。

不要认为自己总是对的。只要有这个想法，其实就是错误的开始。生活中，适应是最大的智慧和能力。

(10) 不能适应就宽容

适应并不是一件易事，这和每个人的适应能力有很大关系。有的人很会调整心态，对外界刺激适应能力很强。而有的人却比较封闭，追求做一个独立而完整的人，很难和外界融为一体。

所谓道不同不相为谋。在这种根本无法心情愉快共处一事的情况下，就只能采取宽容策略了。自己不想做，也不要挡着公婆做。如果怕公婆的行为影响自己的情绪，这时候倒可以采取放任的态度，躲到一处享清闲。

这样做，虽解决不了矛盾，但可以减少因情绪互动而导致矛盾升级的可能性。也就是人们说的，“惹”不起就“躲”！

切记：要学会抓住主要矛盾，在生活中，一家子和谐相处是最根本的。与此相比，其他一切都不重要。切莫为了幸福而去制造矛盾。

(11)过去的事就让它过去吧

在一起生活，婆婆和媳妇之间总是会有小的摩擦发生的，偶尔一句不中听的话，一件令你不高兴的事，过去了就过去吧，别总记挂在心里。如果自己的妈妈说你，你一定两天就忘了。

某种程度上，婆婆都是有点家长的味道的，可能有时爱教育一下你，愿意听就听两句，不愿意听就当做没听见，再大不济和她辩辩道理。辩完也就罢了，和和气气还是一家人，摆冷脸决不是好办法，你老公为难不说，婆婆还认为你不懂事，你自己呢心里还生气，不是原则性的大事，都别太斤斤计较。

当然，不和公婆一起住是最好的，因为很多矛盾都是发生在生活中的小事中，如果没有办法一定要住进来，那就要作好心理准备，不能只从自己的心情出发了。其实做媳妇的，即使不满也好，委屈也好，生活总得过下去，与其抱着难受的心情生活，不如从自身做起改善关系，人生就是这么回事。

第九章　生命从此神采飞扬
——女人的生活资本

生活是一种态度，精致是不懈努力的情怀。然而快节奏的生活日益磨砺我们的优雅和对事情的忍耐力，生活的真实压迫了思维的空间。那么我们为何不可以从一些细枝末节上入手，在细节上下工夫，从生活的点滴做起呢。设计生活，享受生命，你一定会有惊人的发现。

1. 寻找快乐生活的催化剂

现今的女性，往往身兼多职，扮演着好太太、好妈妈、好员工、好上司，此外也是好女儿、好媳妇种种不同的角色。虽然如此，一样也难不倒你们，在忙得不可开交之际，却还不忘进修，提升竞争力，多样角色都兼固周到，如果少点毅力和耐力还真没办法胜任。

要真正做一个成功的女性，在兼顾内外之余，少不了会碰上情绪不佳之时，这里为你提供22 条享受生活的秘方。帮你天天轻松自在，做事更加得心应手。希望你不要放过身边唾手可得的快乐催化剂。

(1)快乐记事簿

养成每天写日记的习惯，记下每天的快乐心情，使你快乐的人物和地点，心血来潮时就拿出来重温快乐时光，(日日是好日，年年是好年。)留住生活中美好的时光，千万不要将不愉快的情绪留到明天。

(2)到超市购物

试试每逢星期天，就到超市大肆采购一番，将冰箱装得满满的，以富足快乐的心情，迎接每个星期的第一天。

(3)计划一星期的打扮

用相机拍下自己拥有的每一双鞋子的长相，贴在鞋盒的显眼处，并于星期天安排好下个星期的服饰搭配，如此就不需要每天一早起床，为当天要穿哪件衣服而伤脑筋，省下来的时间就可以不慌不忙地享用美味的早餐，或花些时间做脸部按摩运动了。

(4)善用数字感

习惯数字带给你的兴奋，利用数字带来的推动力让自己慢慢进步，就算今天比昨天只多做了一、两下的仰卧起坐，也能带给你小小的快乐及成就感，毕竟一想到今天的我将会比昨天更接近KEEPFIT的目标，那种快乐是无法形容的。

(5)找寻最新资讯

每日利用1小时的时间，打开电脑浏览喜欢的网站，在你吸取无边的知识之余，又可享受比别人早一步发现新知的乐趣。

(6)日行一善

不论是扶老婆婆过马路，在公司里帮同事们一点点小忙，还是在办公室制造欢乐气氛，都算是好事，这会使你一整天都拥有一个快乐的好心情。

(7)善于利用时间

试着不要在固定时间守在电视机前，不妨将你喜欢的节目预录下来，有空的时候再播出来看，享受那赶走广告的驾驭感，毕竟新时代的女性，有需要成为一位时间管理专家，才能让你感受到有效率善用时间的乐趣。

(8)不同主题的日子

依照你喜欢的方式，为自己精心计划一星期的特定日子，譬如是打球日、逛街日、约会日、睡觉日、学习日，积极快乐地享受每一天。

(9)在家寻宝

你一定有过有时发现家中某种东西不翼而飞，但日子久了也就不了了之，然后无意间在一次的打扫中它突然出现在你眼前，那种在家寻宝失而复得的心情真的很开心。而且定期清理旧东西，让家里窗明几净，空气流通，也有除旧迎新增加能量的功效。有时也会有不大不小的意外的收获。

(10)梦想剪贴图

专家说过，没有设定目标的人，就永远到达不到目标。将你的理想、目标视觉化，以图片的方式，剪贴在大卡纸上，有空就拿出来欣赏，图片看多了，可以刺激我们努力地去达成某个目标，让你早日享受梦想成真的满足感。

(11)偶尔节制一下

你一定很怀念小时候等待过年的兴奋心情，因为只有在过年时才有足够的压岁钱，可以买心中很想拥有的东西。长大后的我们可以随时买到自己需要的东西，可以已经完全不懂得珍惜自己身边拥有的，也忘了什么叫得来不易，不妨训练自己在发薪水的那个星期才购物，平常的日子便感受一下节制的乐趣，找回那份童年的回忆。

(12)早起的乐趣

找一天一大清早起床，感觉一下众人皆睡我独醒的优越感，早睡早起，头脑清醒精神爽，心情自然也会快乐舒畅。试着培养早起一小时的好习惯，你不但会多了宝贵的宁静时间及充裕的精力，你也一定会爱上那早晨恬静清新的感受。

(13)储蓄乐

买一个漂亮的小猪钱箱放在你的办公室桌上，作为你旅游，买大衣或做善事的基金，每天喂它一次，会带给你如细水长流般的快乐。

(14)自我增值

定期上不同且对自己有益的兴趣班和训练课程，体验一下不同领域带来的学习乐趣和成就感，只要忙得充实有意义，你的每一种兴趣也会带给你不同程度的成就感。

(15)经常保持愉快的心境

女为悦己者容，每天花一小时的时间宠爱自己，投资在自己身上是应该的。每星期定好养颜滋补的时间表，吃燕窝、补品、维生素，做面膜……让自己随时都保持在最佳状态，眼看着自己一天比一天迷人，怎能不叫你心花怒放，但是别忘了，再怎样的善待自己，最重要的还是经常保持着愉快的心境，才能收到事半功倍的美容效果。

(16)享受天伦乐

家人永远是你最重要的精神支柱，好好珍惜及培养和他们的关系，定期为自己安排喜欢的家庭活动，有了家人亲切的支持，做起事来都必定更加起劲。不跟父母同住的朋友们，平日虽然不能常抽空见他们，下班后可别忘了打个电话问候他们。

(17)享受音乐

辛苦工作了一天后，利用短暂的休息时间，听听自己喜欢的音乐，好好的奖赏自己一番，陶醉在优美的音乐旋律中，就算是只有短短的十分钟时间，也能帮你松弛疲劳，带给你不可思议的美妙感受。

(18)休假的艺术

在不用上班的日子里，你也可以过得既浪漫又有效率，如果不想让假日空白，平时就应该做好休假的规划，利用周末的时间，做你平日想做又一直没有时间做的事，让自己过一个有价值又丰盛的周末。

(19)想象快乐

人类的潜能是非常奇妙的，好好运用我们的第六感和意志力，乐观进取地想着经过努力后所带来成功的美好情景，让自己经常有着正面的思想，这会在不知不觉中使你越来越接近成功。

(20)爱情的魔力

经常跟爱侣分享生活上的喜悦、生活中的点点滴滴，在对方沮丧或不开心时给予适当的慰藉与关怀，不但能使彼此之间的爱情更加滋养，更可激励我们不断向上。

(21)养只小宠物

为自己买棵小盆栽或养个小动物，它会使你心情愉快，而在你的悉心照顾下，看着它一天一天地长大，你一定会体会到经过付出而获得收获的快乐。

(22)不要忘记快乐

乐观的人容易过上有趣的事，如果你常常不开心，可能你已忘了快乐的节奏感。只要你常到使你快乐的地方，再花点心思，留意周围的事物，你不难发现一些令人开心的事物，其实快乐是无处不在的，只是一直被我们忽略了！

你一定听说过，笑口常开的人比较容易青春常驻，想要常春不老，就别忘了一定要常保持乐观进取的态度，积极快乐地过每一天。

2.为自己设计"乐生活"

每个女人都希望自己事业有成、爱情甜蜜、家庭和美、生活充满乐趣，也一直在直达快乐的旅途上孜孜以求。可是，现实生活中，仿佛人人都在套用幸福公式，从别人那里定制快乐，其实，你也可以像3Y 女人那样，给自己插上一对想象的翅膀，用自己的方式创造BIY、DIY、EIY……

(1)3Y女人什么样？

3Y 并不是用几个大写字母组合起来就能够描述一种时尚生活的巧合，3Y 更像是一间安静温暖的房子，每个在此生活的女人都将属于自己的美好搬进去，于是各个角落里有了不同的美丽装饰，这座房子本身也因此丰盈得耐人寻味。3Y 不是一种生活状态的描述，是女人那种自己找乐、享乐、自得其乐的生活态度，只有有创造力的女人才有资格享乐生活。

3Y 到底是什么？

Buy it yourself

女人可以因工作忙得昏天黑地，没日没夜，但没必要忙得忘了自己，女人要学会为自己心爱的奢侈品买单，在拼命赚钱的同时也努力享受。

Do it yourself

女人能静下来用手、用心感受身边的和美瞬间，创造属于自己的衣饰品牌，创造自得其乐的家居物件，甚至创造自己的生活路途。

Enjoy it yourself

女人总要找到真正属于自己的享乐方式，抛开别人传递的公式，要自己真正的快慰，即便那只是每天午后习惯靠在窗边喝下午茶的瞬间。

(2)尽情享受购物乐趣

出场人物：王婷

年龄：32 岁

职业：美容院经理

享乐宣言：专家都说购物狂不是一种精神病态，而是一种人生态度，一种欣赏趣味，一种心理自救，所以，我心安理得地享受Buy it yourself 的乐趣。

“购物能让女人更美丽，更健康”。

和电影《购物狂》中的张柏芝不同，王婷的购物讲究健康、享受。她给记者打一个很恰当的比喻，爱逛街、喜欢购物的女人肯定看起来更漂亮，她们喜欢买漂亮的衣服，和时尚的小玩意儿，还会化淡淡的妆容，这种女人让人看在眼里，不爱也难。但是，真正的享受购物乐趣不是碰到打折就胡乱抢购，而是要懂得什么真正适合自己，什么样的衣服能让自己穿上美丽优雅，而不是简单地追赶潮流。

大大小小的商场，王婷全都逛过，甚至她能把一些小店画出地图，哪家的衣服什么样的风格，哪家哪天进新货，她的小本本上都有记录。每天工作中和很多女人打交道，她总是把自己的购物经拿来和自己的顾客分享。

王婷因此也成了很多顾客的服装向导，谁适合什么风格，该去哪家商场、服装店买衣服，王婷不仅担当美容顾问，顺便做起了服装向导。当然，免费的服装向导，也为王婷赢来很多顾客。

店开了也快两年了，两年期间王婷做了很多的努力，从选址、招聘到经营，王婷坦言：“生意真的不像想象中的好做。”但是，王婷说购物是自己最合适的减压方式。甚至，在去北京、上海等城市学习企业管理或者开会的时候，不论时间多么紧，她都要到处逛逛。用自己的眼光审视商场里的服装、饰品，看到满意的必买无疑。一次，和朋友去义乌旅游，王婷买了好多义乌小商品，还有很多民族风情的服饰，到酒店一称，足足超重50斤，结果王婷硬是把东西打包托运，自己坐飞机，倒也潇洒。

王婷有一套自己的生活感悟，女人趁着现在还能穿、还能享受，干吗不努力享受呢，以后想美，年龄和身材都不允许了，那是花多少钱都买不回来的。钱花光了才有动力去赚更多的，赚更多的钱就是为了让自己生活得更好。因为，女人的购物就像男人抽烟、玩游戏一样，也是享受生活、放松心情，或是发泄郁闷的一种方式。

王婷自我激励语录：

我总觉得，假如要谈论男人和女人的根本区别，答案也许不是“感性”“理性”这些正儿八经的词语，而在于“女人天生爱逛街购物，男人则反之”。

购物其实是一门功课，一门超越所有学校课程表的必修课。这门课，没有学分，没有学制，而女人们却正是在这无形而广大的课堂里渐渐成长的……

3Y女人只是一个形式化的概念，很多女人有自己“Y”的方式，可以不是购物，可以不是逛街，但是作为女人一定要创造属于自己的享乐方式，那才是“3Y”的真髓。

(3) 在小阁楼里自得其乐

出场人物：杨美

年龄：29岁

职业：自由职业

享乐宣言：每个女人都是天生的创造家，不要忘却这种天赋，你的快乐可以由你自己制造。

印象中，搞设计的人好像都很张扬，男孩留长发、穿耳洞、穿着很前卫，女孩梳着短发，穿着牛仔裤，还要挖上几个洞洞。可眼前的杨美却阳光清爽得完全是一个公司白领的形象。

本来，杨美学设计专业毕业后成了一名很优秀的设计师，可是正在她事业最鼎盛的时候，杨美却辞职了。用杨美自己的话说这就是3Y 女人最显著的特征——了解自己，清楚自己要的是什么。

以前，每天给人做家装设计，满足的都是顾客的意愿，根本没有办法表现自己，那不是享受工作，而是应付。所以，辞职后的杨美第一件事就是给自己买套带阁楼的房子，而且，她把阁楼当成自己的休憩室。

装修的时候，家里人都没伸手，完全都是杨美一个人设计，一个人买料，就差墙面都自己刮白了。最有特点的就是她的小阁楼，当初无论家人怎么劝，杨美硬是保持房子最开始的毛坯状态，一点也没装修，她自己起名叫“美乐斋”，意思是告诉家人那是我的地方，别人别管，也别去。

说是美乐斋真是一点也不为过，杨美在那里安了个藤椅，累了就睡一会，有时候不开心，也上去坐坐，听听音乐。甚至把一个角落改成了自己的绘画室，绘画室是自己的称呼，杨美乐自嘲地说，其实那是涂鸦屋，没事的时候，她总是在画板上随意画上自己喜欢的房间布局，自己喜欢的房间颜色。

她妈妈说自己的姑娘简直就是一“移动狂人”，因为她总是把家里的箱箱柜柜移动来移动去，经常是她下班回来一进门还以为自己走错了。她自己则笑嘻嘻地说，她应该可以做中国移动的代言人。有时候看看哪里不那么舒服简单挪动一下，有时是为了更舒适，有时就为了换换样子、调剂一下心情。一时兴起，还下楼把自己家布置成画里样子，每天用自己的方式折腾家里的家具。

每次妈妈都很担心她一定又弄得乱七八糟，可是每一次妈妈下班回来都有惊喜，虽然布局变了，虽然墙壁颜色变了，可是看起来一点也不奇怪，相反无论怎么折腾，看起来都很顺眼。

杨美自我激励语录：

人都说我很听话，没错，我是很听自己的话。

DIY 不是信手拈来，而是有感而发；不是浅尝辄止，而是渐入佳境。每个女人都可以自己DIY，也会因此制造出很多生活的快乐！

3Y 的本质就是让自己快乐，那么DIY 无疑是让自己快乐的最简单方式。

(4)懂得找寻逃脱的乐趣

出场人物：张娜

年龄：30 岁

职业：销售经理

享乐宣言：平凡生活中总是能找到属于自己的乐趣，我爱我的工作，可是那不是我的全部，我喜欢现在3：1 的生活，就是努力工作3 个月，然后出去旅行1 个月。

3Y 女人有个共同点，那就是能有一个空间发呆或做一些看起来无聊，但足以给自己快乐的事情。

张娜喜欢自己找乐，她骄傲地拿出来自己去年夏天旅游时拍的一张照片，身上的衣服是她自己在桂林路市场买的布料做的旅行服，为了能让鞋子和衣服搭配一致，她自己买来刺绣书，利用晚上时间在家学了一个礼拜，在鞋子上绣上和衣服同色系的花，还真做成了一双绣花鞋。

她还开了一家“驴友吧”，由爸爸妈妈照看着，周末或者闲暇时间很多志同道合的朋友都喜欢相约这里，坐在吧台上聊天，把闲暇、慵懒都沉浸在卡布基诺当中，就这样回归心里最宁静、最原始的状态。

张娜说，她热爱现在的工作，但是绝对不拼命地去工作。她通常

3 个月时间用来工作，然后抽出 1 个月时间用来旅游，“女人嘛，那么拼命还不是为了自己能快乐，我们不是墙上的图钉，要懂得退回到自己，从生活的飞速旋转中停下来喘口气。”

国外好多国家都留下了她的足迹，巴黎、加拿大、韩国、日本，国内基本上每个城市张娜都去过，她喜欢这种感觉，踏在异乡的土地上，暂时地忘却一切压力，让自己以一个过客的身份看着身边的人和景。如她所说：“我在街道中央游走，城市的涂鸦、掸烟的姿势、老者的眼神，都在我心中有着不同的寓意。”

她说她喜欢在这样的逃离中，细心感受生活，也能让自己回到工作岗位时候更加充满激情。

张娜自我激励语录：

我喜欢旅行，旅行的时候首选火车，喜欢火车跑出山洞或隧道的刹那，那是由黑暗变光明的过程，也是让生活由暗到明的开始。

再美妙的生活，如果没有细腻的感知力，也照样是乏味。3 Y 女人最典型的特质就是在平凡的生活中感知快乐。

现在的女性在社会上的地位越来越重要，而同时留给自己的时间也越来越少，很多女性每天都忙于工作和家庭，根本没有时间去考虑生活的品位，不懂得怎么样去享受生活。这样往往很容易造成焦虑、急躁等心理问题，其实女性应当去用自己的方式提高生活的质量和乐趣，这样才会乐在其中。

生活中一些生活习惯的小改变，可能都会给人带来新鲜感，而找到适合自己的休闲方式也是非常重要的，这对于一个人保持对生活的信心是非常有好处的。

在折价货中淘得了自己喜欢已久的物品，去了一个自己想要去的地方旅游，这些小小愿望的实现都可以让女人享受到生活带来的快乐，从而提升自己对生活和工作的信心，对于女性的生活是非常有帮助的。因为生活中有太多的问题需要女性去面对，有太多的压力需要女性去承受，如果每个女性用一颗享受的心去面对的话，整个生活就会变得充满快乐。

从心理学的角度来说，享受生活的同时也在提升自己的生活质量，所以女性要学会享受生活！

生活中有太多的女性看不到生活最本真的一面，而是天天抱怨“我的世界天崩地裂”。其实，换个角度想想，生活真的没你想象的那么糟糕，生活中快乐无处不在，只要你有一双学会发现的眼睛。

也许你的风景只有自己才看得到，可是，永远对生活藏有小小的“诡计”，永远乐此不疲地设计属于自己的独一无二的生活，又何尝不是另一种幸福呢？

我们知道，没有资格也不想教你如何才能过上美好日子，只是想告诉大家美好的生活有千万种形式，而达到美好生活的路径也有万千条，只是看你如何去选择。

3.巧妙节能，回归绿色生活

在资源能源供应日趋紧张的今天，每个普通的家庭如何节水省电，开始自己的绿色生活？如果我们每个人都能从力所能及的一件小事做起，减少资源浪费，我们的地球就会成为真正的绿色家园。

举例来说，即使节省1度电，也是一份大贡献。1度电相当于25瓦的灯泡能连续点亮40小时；普通电风扇能连续运行15小时；能使电动自行车跑上80公里；可借助电热淋浴器洗个舒服的澡……而您节约下1度电，就等于节约了0.4千克标准煤；4升净水；同时减少0.272千克碳粉尘、0.997千克二氧化碳、0.03千克二氧化硫、0.015千克氮氧化物等污染物……

只要留心，衣、食、住、行、用等方面，我们都能发现节能减排小窍门。以下为一些生活节能小常识，让我们大家一起，节能减排从身边做起。

(1)洗衣机减少洗涤时间可节电

恰当地减少洗涤时间，可以节约用电。洗涤时间的长短要根据衣物的种类和脏污程度来决定。一般洗涤丝绸等精细衣物的时间可短些，洗涤棉、麻等粗厚织物的时间可稍长些。可以先把衣物上的肥皂水或洗衣粉泡沫拧干，再进行漂洗，减少漂洗次数，达到节电的目的。洗衣应待累计足量时再开洗衣机。

按衣物类别选用较短洗衣程序也很重要。待洗衣物采用集中分类洗涤的方法，先洗浅色后洗深色，全部洗完后再逐一漂洗。洗涤前将脏衣物浸泡约20分钟。

(2)点亮节能灯，省电看得清

一只11W节能灯的照明效果，顶得上60W的普通灯泡，而且每分钟都比普通灯泡节电80%。如果全国使用12亿支节能灯，节约的电量相当于三峡水电站的年发电量。

(3)家用电器不用时切断电源

许多家用电器设备停机时，其遥控开关、持续数字显示、唤醒等功能电路会保持通电，开成待机能耗，这约占家庭用电量的10%，如同昼夜常开一盏15瓦到30瓦的灯。因此，应选购待机能耗低的电器，电器不使用时要切断电源，或为待机能耗较大的电器配用家用电器待机能耗节电器。

(4)少买不必要的衣服

服装在生产、加工和运输过程中，要消耗大量的能源，同时产生废气、废水等污染物。在保证生活需要的前提下，每人每年少买一件不必要的衣服可节能约2.5千克标准煤，相应减排二氧化碳6.4千克。如果全国每年有2500万人做到这一点，就可以节能约6.25万吨标准煤，减排二氧化碳16万吨。

(5)妙用空调可节能

正确使用空调也可以节能。细心调节室温。制冷时，室温调高1摄氏度，制热时，室温调低2摄氏度，均可省电10%以上。空调使用时，夏季温度设定在26℃~28℃，冬季设定在16℃~18℃。

定期清扫滤清器。灰尘会堵塞滤清器网眼，降低冷暖气效果，应半月清扫一次。空调不用时，应随手切断电源。

开启空调时，尽量少开门窗，可以减少房内外热交换，利于省电。配合电风扇低速运转，可使室内冷空气加速循环，冷气分布均匀，可不需降低设定温度，而达到较好的降温效果。

使用空调的睡眠功能可以起到20%的节电效果。选择适宜出风角度：冷气流比空气重，易下沉，暖气流则相反，所以制冷时出风口向上，制热时则向下。

(6) 冰箱节能有窍门

电冰箱应摆放在环境温度低，而且通风条件良好的地方，要远离热源，避免阳光直射，并且摆放时电冰箱顶部左右两侧及背部都要留有适当的空间，利于散热。

应该经常擦去冰箱上的灰尘，以免冰箱不能散热，增加耗电量。尽量减少开冰箱的次数，开的时候也注意尽快关上。

冰箱冷藏室温度定为5℃比定为8℃每月多耗电十几度，而且保温效果差；冷冻室内温度－14℃比－18℃省电2%左右；可以在冰箱内设置塑料薄膜门帘；贮存食物不宜过满，冰箱内食品之间及食品与箱壁之间应留有一定的空隙，利于冰箱内冷空气对流，使箱内温度均匀稳定，减少耗电。

(7) 合理用火节约燃气

要随时调节火门，菜熟时及时调小火焰不仅能保持菜的风味，还能节约大约四分之一的燃气消耗；做饭时程序安排合理，配料等准备工作做好，就能避免燃气空烧。

(8) 淘米浸泡10分钟

提前淘米并浸泡10分钟，然后再用电饭锅煮，可大大缩短米熟的时间，节电约10%。每户每年可因此省电4.5度，相应减少二氧化碳排放4.3千克。如果全国1.8亿户城镇家庭都这么做，那么每年可省电8亿度，减排二氧化碳78万吨。

(9) 调低电视屏幕亮度

将电视屏幕设置为中等亮度，既能达到最舒适的视觉效果，还能省电，每台电视机每年的节电量约为5.5度，相应减排二氧化碳5.3千克。如果对全国保有的约3.5亿台电视机都采取这一措施，那么全国每年可节电约19亿度，减排二氧化碳184万吨。不要用遥控器关闭电视而使电视机处于待机状态，所以应将电源彻底断掉；最好给电视机加盖防尘罩，因为电视机吸入灰尘会增加电耗。

(10)淋浴代替盆浴

盆浴是极其耗水的洗浴方式，如果用淋浴代替，每人每次可节水170升，同时减少等量的污水排放，可节能3.1千克标准煤，相应减排二氧化碳8.1千克。如果全国1千万盆浴使用者能做到这一点，那么全国每年可节能约574万吨标准煤，减排二氧化碳1475万吨。

(11)双键马桶节水好用

与传统单键马桶相比，用双键马桶每家每天至少节水一半。9升单键马桶每月用水约为3240升；如用3/6升马桶则为每月1350升，不仅能节省1890升自来水，还能减少污水的排放。生产自来水和处理污水都需要耗费大量能源，所以节水也可以节能。

4. 找回更多的空闲

当你锻炼身体时，当你在写你酝酿很久的小说时，当你想多读会书时或者当你想去看日出时，是不是发觉身边有很多的事情还没有做？

可能你和大多数人一样，很少有闲下来的时候。

事实上，我们每天都拥有同样多的时间。但有一种人在做着自己喜欢的事，还有一种人甘愿把时间用在满足自己的欲望，用在承受压力或者担负生命中的责任上。

是时候找回你的空闲时间去做第一种人并利用你的空闲时间去创造自己想要的生活了。

其实做第一种人不难，但需要适当的努力和耐心。

要是你愿意做出某种程度改变，你也会实现你自己想要的生活的。即使想挤出少许时间来培养业余爱好或者放松一下也是能实现的。

下面的方法并不是所有的都适合你，但你可以挑一些能接受并愿意尝试的方法。

(1)抽出时间

抽出一块时间来回想一下你过去的日子是怎么度过的。最少抽出一个小时，能抽出几个小时或者半天的话会更好。要是抽出一天的话会很恐怖的。把回顾过去这件事放在周末是个理想的选择，但也不一定要这样才行。

在你抽出的这块时间里，你尝试用不同的角度来看待你过去的日子，问问自己这是你一直都在梦想的生活吗？你一直想要做得更好些的地方你做得怎样？你是不是有时间做自己喜欢的事情呢？现在每天你都做了什么？有没有原本可以花费时间更少的事情？首先先认真想象上面的问题，然后再看下面的内容。

(2) 找出重要的事情

你喜欢做什么？把你喜欢做并愿意去做的事情列个“重要”清单，4～5 件即可。

(3) 找出浪费你时间的事情

哪些事情不在你的重要事情的清单上但却浪费你很多时间呢？找出这些事情后认真想想它们到底是不是你必须要做的事情，或者看看做这些事情的时候能不能花得时间少些，能不能尽量少花时间去做，再或者看看有些事情能不能不去做。

有时候你做一些事情的时候会觉得这事有必要去做，但事实上你认真想想后会觉得有办法不去做这些事情的。但有些事情你做的时候只是为了消磨时间，比如去一些网站看看、看电视、泡泡澡等等，你可以尽量缩短做这些事的时间，这样的话你会有更多的时间去做更重要的事情——那些你喜欢做的事情和使你高兴的事情。

(4) 合理安排时间

坐下来想想你真正想做的事情，再对照一下你现在在做的事情，找到能节省你时间的方法。先将你的每周计划写在纸上或者日历上，安排大块的时间给“重要”清单上的事情。比如你想锻炼身体，想在什么时候做？首先把大块的时间分配给重要事情，然后安排剩下的时间。

(5) 合并琐事

每天或每周有很多琐事穿插在日常生活中，你可以把这些事情合并在一块去做，这样会省时不少。举个最好的例子——出差，原本要跑上一天或两天的差事，你可以用一整天去搞定它，这样既省时又省油。类似的还有开会、写文章等需要定期处理的事情。

(6)避免开会

这一条不是所有人都适用，开会一般耗时大，提供信息量却很少，而且往往可以通过电话或通信代替开会作决策。

你可以直接跟老板说你有更重要的事情去做或者直接要求不与会，尽可能地少参加会议，另外，你也可以通过其他渠道获取会议信息来代替亲自参加会议。这样的话，每次会议你能为自己节省大约一个小时。

(7)整理你的计划表

如果你的计划表被会议、出差、任务和项目填满了，那么你应该整理一下你的计划表，一个好的计划表不是拥挤的计划表。去掉一些不重要的事情让你的计划表留些空白，或者推迟去做。

(8)重新考虑一下你的日常事务

我们每天要处理的日常事务往往和我们想要的生活冲突。有地方可以改进吗？你是自己生活的缔造者，你完全可以把日常事务安排得使自己更舒服些，更理想化些。

(9)减少电子邮件

大多数人每天要花大量时间跟电子邮件打交道，平均多久你检查一下你的邮箱？有多少时间在写信？如果每天你和很多人一样花大量时间在处理电子邮件上，你可以通过减少查看邮箱次数来省时。

(10)学会拒绝

如果对于别人的请求你都接下来，那么你永远不会闲下来。学会珍惜自己的时间，对不是非常重要的请求要坚决地说“No”。下面是教你如何拒绝。

(11)保持你的“重要”清单上只有3件事当写每日计划时，你只需把3件你最重要的事情列出来。

不要列一堆要做的事，否则你的空闲时间都没了。保持清单上的事务尽量的少，你要确保是把最重要的事务完成，而不是压垮自己。

(12)先挑最难的事做

在3 个最重要的事情中挑个最难的先做。完成最重要的事情后，你可以按照重要性高低来做剩下的事情。每天以完成最难的事情为开端，那么你会有很多的时间去做剩下的事情，理由很简单——因为最重要的事情已经完成。

(13)指派任务

如果你有下属或者合作者，那么你可以尝试去指派任务。不要事必躬亲，必要的时候你可以花些时间对你的下属进行处理某些事务的培训，这样你通过花少量时间而节省大量的时间。指派任务后你可以专注于处理最重要的事务。

(14)集中注意力

你在工作时有没有让你分神的东西？这些东西有时候是一些会让自己觉得碍眼的东西，如身旁的一些零散的纸张，有时候是时不时从你电脑窗口跳出来的新电子邮件提示窗口或者聊天工具的新消息对话框，有时候是手机，有时候可能是同事。

如果你尽可能躲开让你分神的东西越多，那么你越能集中注意力，这样处理起事务来就会越有效率，从而节省可能会被浪费的时间，那么你节省下来的时间可以用在你想做的事情上。

(15)离线

对于很多人来说，最易让他们分神的是互联网。离线状态往往是他们处理事务最有效的时候。在这里并不是说你要一直离线，而是说，你要想真正有效地处理事务，那么你可以选择在离线的状态下处理。选择固定的时段上网进行交流会是个好的办法。

(16)外包

如果你不能指派，那么你可以选择外包。在互联网上，我们几乎能找到任何人。小到检查邮箱大到设计编辑等都可以外包。这样你可以更专注地做自己擅长的事情，自己喜欢的事情，还能节省自己的时间。

(17)最大限度地利用好上午

上午是列日程计划最好的时候。上午是最好的时光，因为在上午你不会有很多事务没有处理完或者需要去处理的感觉。最紧急的事情会迫使你把最重要的事情向后推迟。比如你原本打算在下午晚些的时候做一件重要的事情，但到那一时候你可能有一些新的要做的事情加进来，那么你就可能把那件重要事情往后推了。相反，你要是把这件事放在上午，那么你很难会出现这种情况了。

(18)下班后的黄金时间

除了上午，下班后的一段时间也是做重要事情的时段。比如锻炼身体，下午 5 点是一个绝佳的锻炼时机。你也可以在这个时间陪陪家人，或者做任何可以让自己放松的事。

(19)晚上

睡前的一段时间也是个好时段，而且每天都有。你可以用来完成你日程计划的剩下部分。你会怎么利用这段时间呢？读书？陪陪孩子？培养业余爱好？好好利用这段时间吧。

(20)午休

如果上面的三个好时段你无法利用，那么午休是另外的一个绝佳的机会。有些人选择在这段时间锻炼或静静地歇会，有些人利用这段时间进行私人的项目或计划。

5.生活中的17个最佳温度

据说吃甜点在37摄氏度时感觉最甜,因为这个温度正是大多数人的正常体温。其实生活中的很多小环节,都有自己的最佳温度。什么东西在什么温度下才能呈现出最好的状态?享受生活,先从了解温度开始吧!

(1)室内温度

居室温度在24℃至26℃时,人体感到舒适,在18℃至20℃,会感到凉快。夏季来临不要因为贪凉而把空调温度调太低,这样会对健康造成很大的伤害。

(2)煮粥

下米时水的最佳温度是50~60℃。

(3)水的温度

凉开水在12~17℃时口感最好。

(4)啤酒

啤酒最好喝的温度,春秋为10℃,夏天为5~6℃,冬天是10~15℃。

(5)红酒

饮用红酒最适宜的温度是16~18℃。所以储藏红酒最好不要冰镇,喝红酒前先开瓶醒酒1小时效果最佳。

(6)白葡萄酒

饮用白葡萄酒最适宜的温度是4~10℃。只需喝前20分钟把白葡萄酒从冰箱里拿出来常温下搁置即可。

(7)热咖啡

热咖啡在70℃左右时才香甜可口。

(8)热牛奶、热汤

牛奶、热汤在60～65℃时味道最好。

(9)冲蜂蜜

冲蜂蜜的水，最佳温度为50～60℃。

(10)绿茶

沏绿茶的最佳水温是76℃。因为绿茶的叶子比红茶柔弱，所以不需要过高的水温，水温过高会让绿茶变得很苦。诀窍是煮开水的壶不要盖壶盖，当水刚刚开始冒泡的时候就是泡绿茶的最佳水温了。

(11) 洗澡

最佳水温是35～40℃。过高的水温会破坏皮肤的保护层，使皮肤丧失对污染及细菌的抵抗能力。建议先用手试试，如果手觉得烫，那么对于身体其他部分来说也烫，不要以为身体适应了烫温度就是合适的，因为我们的身体能够在3分钟内适应水温，但过高的温度依然对皮肤和身体有害。

(12) 鲜花

鲜花最喜欢的水温是32～37.7℃，有点像洗澡水的水温。较为温暖的水能够更快更好地在花的根茎中游走，从而利于花开。但水仙、郁金香、风信子等花卉除外，它们喜欢更凉些的水。

(13) 养鱼

养鱼的水应该是室温的温度，也就是18～23℃。过高或过低的水温都会让鱼只漂不游。将自来水蓄在开放的容器里隔夜后就是室温的水温了。

(14) 卷发

很多人都会用卷发棒给自己做一次性卷发，专家建议正常发量适合用中挡热度的发卷，约160℃；浓密头发用高挡热度的发卷，约221℃。卷发时发卷接触头发的时间以5秒钟最好。

(15) 煎鸡蛋

使鸡蛋内心温度保持在71℃是保持鸡蛋最佳营养和美味的温度。在平底锅里放一茶匙黄油，火调到中高，等黄油融化了，就可以放入鸡蛋了。如果是放食用油，将手放到平底锅上空，感觉到温度时就可以下鸡蛋了。

(16) 工作

让人精神焕发的最佳工作温度是22~25℃。科学研究表明，在22℃下，工作效率会降低，但高于25℃又会犯困。所以要适当调节办公室的空调温度，避免过高或过低。

(17) 睡眠

人体舒适的睡眠温度是20℃。所以在夏天不要将空调调制过冷，冬天同样不能调制过高。冬日睡眠前最好用热水泡脚，以增加全身血液循环，增高体温，以利入眠，但同时又要保持睡眠环境的通风，不要穿过多衣物睡觉，睡前将被子抖一下都是好办法。